NCS 기반 기초 디자인 헤어커트

NCS BASIC DESIGN HAIR CUT

최은정 · 성호용 · 문금옥 · 김성철 · 서미숙 공저

光文閣
www.kwangmoonkag.co.kr

책 머리에

현재 우리가 사는 시대는 하루하루가 빠르게 변화하고 있다. 그 변화의 중심에는 4차 산업혁명 시대의 화두가 많이 언급되면서 전문직에 대한 전망이 높아가고 있으며 그로 인해 헤어디자이너라는 직업 또한 많은 호평을 받고 있다.

4차 산업혁명 시대에는 새로운 기술 혁신과 감각이 요구되는 만큼 미용 분야에 따른 체계화된 학문적 기초와 기술을 바탕으로 새로운 교육 시스템의 도입은 물론이고 교육 자료에 대한 연구를 확립할 필요성이 있다.

본 교재는 헤어디자이너가 되기 위해 가장 중요한 베이직에 중점을 두어 과학적이고 정확한 커트를 시술할 수 있도록 정리되어 있다. 필자는 추상적인 감성만으로 훌륭한 헤어디자이너가 될 수 없다고 생각한다. 베이직을 제대로 익히고 활용하여 숙련의 시간을 거친 다음 창의력이 더해졌을 때 훌륭한 디자이너가 될 것이라고 생각한다. 현대의 뷰티 산업은 과거와는 달리 좋은 제품과 완벽한 기술, 고객의 마음을 사로잡을 수 있는 서비스까지 더해져 발전해 왔다. 그러나 변하지 않는 것은 베이직이다. 이제 막 첫발을 디딘 학습자들이 기초 과정을 완전히 습득한다면 창의력과 감성은 자연적으로 따라오게 될 것이라 생각한다. 베이직이 갖춰지지 않는 기술은 모래성과 같다.

본 교재는 학습자들에게 헤어디자인의 기본 원리를 이해시키고 이를 현장 실무에서 적용시킬 수 있는 능력을 키워 주는 것을 목적으로 집필되었다.

헤어커트의 베이직 과정인 이 교재를 다 마치고 나면 다음 단계인 응용 헤어커트를 하는데 유용한 지침서가 될 수 있을 거라 믿으며, 기초 디자인 헤어커트를 통하여 수업을 받는 학습자들이 기본적인 개념을 이해하고 커트에 대한 흥미와 관심을 가지고 기술을 습득하여 뷰티 산업 발전에 기여할 수 있는 주역이 되길 간절히 희망한다.

끝으로 이 책을 출간하기까지 믿고 협조해 주신 광문각출판사 박정태 회장님을 비롯한 임직원님들께 진심으로 깊은 감사의 말씀을 드린다.

2024년 3월

저자

CONTENTS

CONTENTS

CONTENTS

NCS BASIC DESIGN HAIR CUT

헤어디자인의 개념 및 요소

1. 헤어디자인의 개념

1) 헤어커트의 기초

헤어커트는 헤어스타일을 만드는데 기초가 되는 기술이다. 헤어 세이핑이라고도 하며 '머리 형태를 만든다'라는 뜻이다. 퍼머넌트 웨이브나 세팅에 의해서 형성되는 헤어스타일도 커트에 의해 사전에 형이 만들어진다.

2) 헤어커트의 목적

헤어커트는 모발의 길이를 정리하는 것으로 모발의 밀도를 정리하여 머리 모양을 완성시키기 위한 헤어스타일의 기초를 만드는 것을 목적으로 하고 있다. 따라서 커트에 의한 변화를 자유자재로 창출하기 위해서는 커트의 기초 이론을 충분히 이해하고 익혀야 한다. 헤어커트에 사용되는 도구는 가위(Scissors), 레이저(Razor), 빗(Comb), 클리퍼(Clipper)가 있다.

① 가위

- 웨트 커트(Wet Cut): 모발에 수분을 적셔서 시술한다.
- 드라이 커트(Dry Cut): 모발에 수분을 적시지 않고 마른 상태에서 시술한다.

② 레이저

커트 시 모발에 수분을 충분히 적시어 시술해야 하는데, 이는 모발이 팽윤되어 부드럽게 되고 시술자가 커트하기 쉬운 상태가 되어 모발을 당겨도 모델이 쉽게 아픔을 느끼지 않기 때문이다.

③ 빗

커트 시술 시 정확하게 모발을 분배하고 조절하거나 모발을 빗어 결을 매끄럽게 정리하는 데 사용된다.

④ 클리퍼

남자 커트와 여성의 짧은 머리(쇼트 커트) 등에 많이 사용된다.

2. 헤어디자인의 요소

헤어디자인 분야는 미적인 표현뿐만 아니라, 개성적인 표현으로도 만족시켜 주는 응용예술로서 창조적 디자인을 위한 구성 요소로 형태(Form), 질감(Texture), 컬러(Color)를 헤어디자인의 3요소라고 한다. 헤어디자이너는 이러한 요소를 결합하여 많은 작품을 창조할 수 있다. 헤어디자인의 3가지 요소인 형태, 질감, 컬러의 특성을 살펴보면 다음과 같다.

1) 형태(Form)

헤어디자인에서는 길이, 넓이, 깊이를 포함한 3차원적인 입체를 의미하며, 하나의 형태 내에서는 점, 선, 방향, 모양에 이르는 모든 요소를 포함하고 있다.

| 선 + 방향 + 모양 = 형의 3요소 |

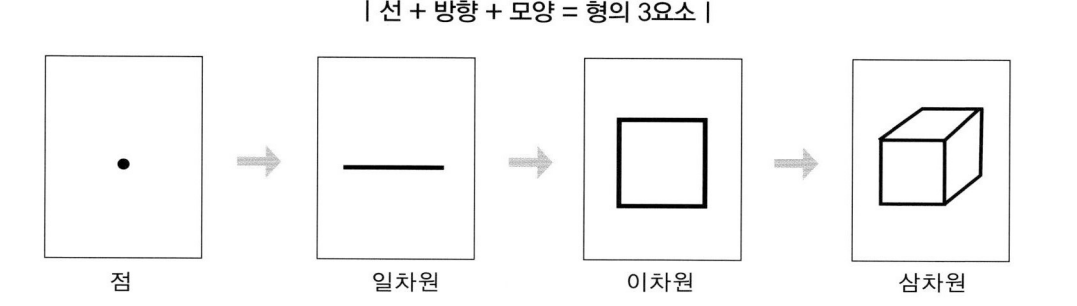

| 점 | 일차원 | 이차원 | 삼차원 |

① 선: 형의 가장 기초가 되는 구성 요소로 직선 또는 곡선의 연속된 점들의 집합체이다. 선은 점보다 강한 효과를 내며 방향에도 영향을 미친다.

② 천체축: 직선과 곡선, 각도, 방향을 정의하는 기호이다.
- 4가지 기본 직선은 수평선, 수직선, 우대각선, 좌대각선 등이다.
- 주요 각도는 0°, 45°, 90° 등은 선이 교차될 때 만들어진다.

③ 방향: 선의 진로이며 기본 방향인 수평 방향, 수직 방향, 사선 방향(좌대각, 우대각)으로 결정된다.
- 직선: 천체축의 의한 4가지 기본 직선인 수평선, 수직선, 우대각선, 좌대각선 등이다.
- 곡선: 컨케이브(Concave), 컨백스(Convex)
- 역곡선: 움직임이 반대되는 두 개의 곡선이 연결된 선으로 곡선의 경사도나 비율에 의해 속도를 표현할 수 있다.

④ 모양: 길이와 넓이를 가진 2차원(평면)적 표현으로 헤어디자인은 구조와 형태 선의 방향으로 이루어진 모양에 깊이를 더해서 3차원인 형태를 만든다.

- 시작점에서 만나는 선에 의해 생기는 평면적 공간(삼각형, 사각형, 원형)
- 헤어디자인의 모양은 형태 선이라는 외곽의 경계 선이나 실루엣에 의해 결정된다.

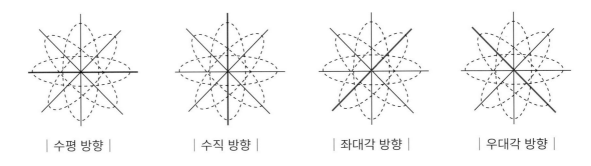

| 수평 방향 | | 수직 방향 | | 좌대각 방향 | | 우대각 방향 |

2) 질감(Texture)

촉각과 시각으로 느낄 수 있는 모발의 표면 또는 질감도 관찰하게 된다.

① 엑티베이트(Activated): 잘린 모발 끝이 보이는 질감
   (활동적인 질감- 유니폼 레이어, 인크리스 레이어)

② 언엑티베이트(Un-Activated): 잘린 모발 끝이 보이지 않는 매끄러운 질감
   (비활동적인 질감- 원랭스)

③ 혼합형(Combination): 엑티베이트와 언엑티베이트의 두 가지 질감이 혼합
   (그래쥬에이션)

| 엑티베이트 |

| 혼합형 |

| 언엑티베이트 |

3) 색채(Color)

물체에 빛이 반사될 때 얻어지는 시각적 효과로 길이와 부피감, 머릿결, 움직임과 방향감에 영향을 준다.

색채는 생동감과 방향감에 대한 착시를 일으키게 하여 특정한 부분에 시선을 집중시켜 주는 큰 역할을 갖는다.

두상과 헤어라인 명칭

1. 두상의 15포인트 명칭

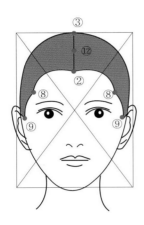
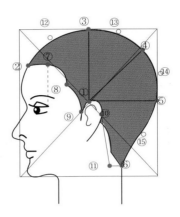

번호	약자	명칭
1	E.P	이어 포인트(Ear Point)
2	C.P	센터 포인트(Center Point)
3	T.P	톱 포인트(Top Point)
4	G.P	골덴 포인트(Golden Point)
5	B.P	백 포인트(Back Point)
6	N.P	네이프 포인트(Nape Point)
7	F.S.P	프런트 사이드 포인트(좌·우)(Front Side Point)
8	S.P	사이드 포인트(Side Point)
9	S.C.P	사이드 코너 포인트(Side Cernir Point)
10	E.B.P	이어 백 포인트(Ear Back Pont)
11	N.S.P	네이프 사이드 포인트(Nape Side Point)
12	C.T.M.P	센터 톱 미디엄 포인트(Cent Top Medium Point)
13	T.G.M.P	톱 골덴 미디엄 포인트(Top Goilden Medium Point)
14	G.B.M.P	골덴 백 미디엄 포인트(Golden Back Medium Point)
15	B.N.M.P	백 네이프 미디엄 포인트(Back Nape Medium Point)

2. 두상의 분할 라인

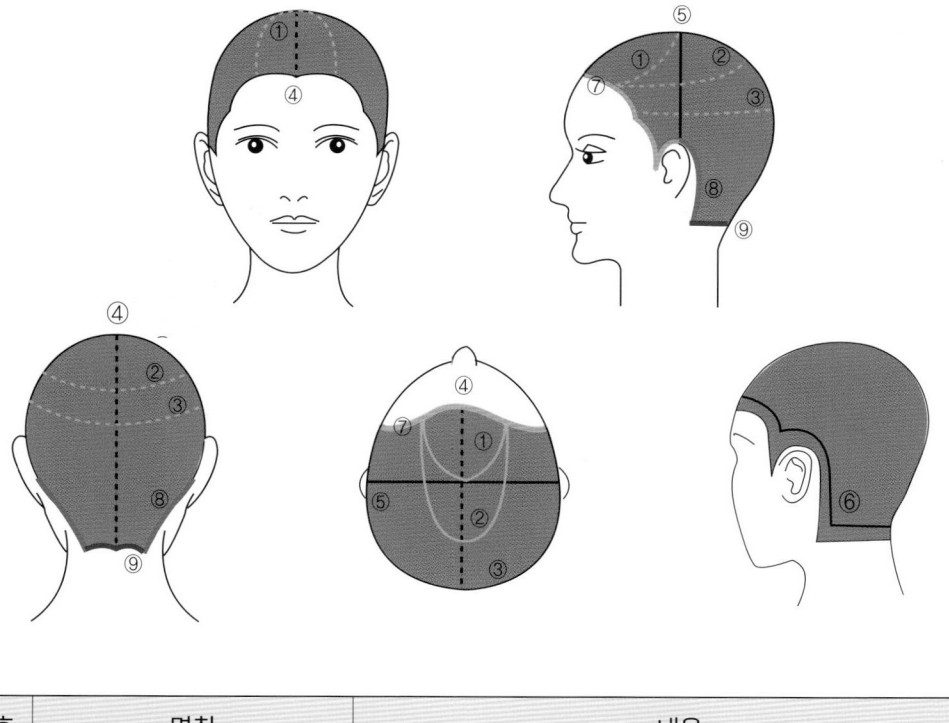

번호	명칭	내용
1	앞머리 영역	F.S.P~T.P~반대편 F.S.P을 연결하여 나눈 앞부분 영역
2	U라인 영역 (측두선)	F.S.P~G.P~반대편 F.S.P을 연결하여 나눈 앞부분 영역 (눈 끝을 위로 측중선까지 연결한 선)
3	크레스트 (Crest Area)	두상의 가장 넓은 부분
4	센터 라인(Center Line), 정중선	C.P~T.P~G.P~B.P~N.P를 연결한 선 (두상 전체를 수직으로 가른선)
5	이어 투 이어 파트 (Ear to Ear Part), 측중선	E.P~T.P~반대편 E.P를 연결하는 선
6	햄라인(Hem Line)	전체적으로 머리카락이 나기 시작한 선
7	페이스 라인(Face Line)	얼굴 정면에 모발이 나기 시작한 선 E.P~S.C.P~S.P~F.S.P~C.P~반대편 F.S.P~S.P~S.C.P~E.P를 연결한 선
8	이어 백 라인 (Ear Back Line)	E.P~E.B.P~N.S.P를 연결한 선
9	네이프 라인(Nape Line)	목덜미의 선, N.S.P~N.P~반대편 N.S.P까지 연결한 선

3. 두상의 분할 용어

① 인테리어(Interior): 크레스트 윗부분의 명칭

② 엑스테리어(Exterior): 크레스트 아랫부분의 명칭

③ 크레스트(Crest Area): 두상의 가장 넓은 부분의 명칭

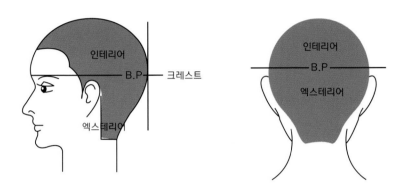

4. 두상의 부위별 명칭

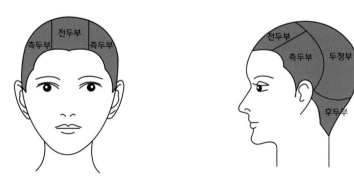

① 전두부(Front)는 얼굴 주위와 밀접한 관계를 가지고 있으며 얼굴의 전체적 균형에 많은 영향을 미친다.

② 측두부(Side)는 옆선의 이미지를 연출되는 곳으로 사이드나 아웃라인의 모양, 질감을 형성하는 곳이다. 짧은 모발은 이곳에서 얼굴형의 이미지가 결정된다.

③ 두정부(Crown)는 두상에서 가장 높고 넓은 영역으로 헤어스타일의 전체적인 질감이나 볼륨, 형태를 좌우한다.

④ 후두부(Nape)는 커트의 형태를 결정 짓은 영역으로 두상에서 가장 낮은 곳에 위치하고 있으며, 두상의 아웃라인이나 길이를 결정하는 곳이다.

5. 헤어커트의 4가지 기본형

기본형	원랭스 (One Length)	그래쥬에이션 (Graduation)	인크리스 레이어 (Increase Layer)	유니폼 레이어 (Uniform Layer)
구조				
질감	100% 언엑티베이트	혼합형	엑티베이트	100% 엑티베이트
모양	종형	삼각형	긴 타원형	원형
특징	• 네이프에서 톱 쪽으로 갈수록 길이가 증가한다. • 모든 모발 길이가 한 레벨로 떨어진다. • 주변머리에서 최대의 무게감이 생긴다. • 시술각: 0°, 자연 시술각	• 네이프에서 톱 쪽으로 갈수록 길이가 증가한다. • 시술각에 의해 경사선이 생기고 무게 지역, 무게 선, 릿지라인이 있다. • 표준 시술각: 45° • 시술각: 1~89°	• 톱이 짧고 네이프로 갈수록 모발이 길어진다. • 집중전환 레이어링 기법 사용한다. • 90° 이상의 시술각을 사용하여 전체적으로 무게가 형성되지 않고 가벼워 보인다. • 아웃 레이어, 롱 레이어라고도 불린다.	• 두상에서 90° 시술각 사용한다. • 무게감이 없다. • 두상의 곡면과 평행하게 커트한다. • 모든 모발의 길이가 동일하다. • 베이직 레이어, 세임 레이어라고도 불린다.
사진				

도구 분석

헤어디자인 결정에 따라 커트할 모발 형태와 사용할 기법이 결정하며, 어떠한 도구를 사용할 것인가는 도구에 대한 숙련 정도와 어떠한 결과를 원하느냐에 따라 다르다. 선택된 도구는 형태선에서 질감의 변화를 가져올 수 있다.

1. 가위(Scissors)

가위는 지레의 원리를 응용하여 만들어진 도구로써 커트 시술 시 가위의 선택은 개인적인 선호나 원하는 결과에 따라 다르게 선택한다.

1) 가위의 구조

가위는 이동날(동인)과 고정날(정인), 조임쇠(선회축)로 구성되어 있다.

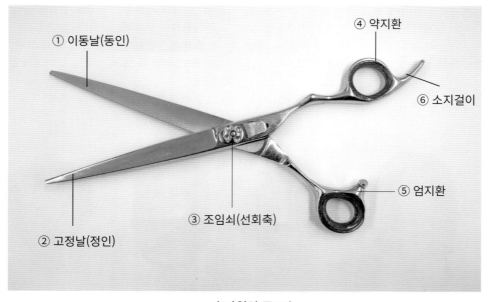

① 이동날(동인)
④ 약지환
⑥ 소지걸이
⑤ 엄지환
③ 조임쇠(선회축)
② 고정날(정인)

| 가위의 구조 |

① 이동날(Moving Blade): 엄지손가락에 의해 조작되는 움직이는 날

② 고정날(Still Blade): 약지 손가락에 의해 조작되는 움직이지 않는 날

③ 조임쇠(Pivot Point): 가위를 느슨하게 하거나 조이는 역할

④ 약지환(Finger Grip): 정인에 연결된 원형의 고리로 약지 손가락을 끼워 넣는 곳

⑤ 엄지환(Thumb Grip): 동인에 연결된 원형의 고리로 엄지손가락이 위치하는 곳

⑥ 소지걸이(Finger Brace): 약지환에 이어져 있으며 새끼손가락을 걸기 위한 곳

2) 가위의 종류

가위는 재질에 따라 착강 가위와 전강 가위로 구분되며, 사용 목적에 따라 일반 가위, 틴닝 가위, 스트록 가위, 곡선 가위, 미니 가위로 구분된다.

① 재질에 따른 분류

- 착강 가위: 협신부에 사용되는 강철은 연강, 날은 특수강
- 전강 가위: 전체가 특수강

② 사용 목적에 따른 분류

- 일반 가위: 일반적으로 헤어커트에 사용되며 가위의 길이에 따라 4~7인치 정도로 구분된다.
- 틴닝 가위: 틴닝 가위는 숱 가위라고도 불리며 모발의 길이를 자르지 않고 모량을 조절하는 데 사용된다.
- 스트록 가위: 스트록 커트 시 많이 사용되며 모발의 길이와 양을 동시에 표현한다.
- 미니 가위: 4~5.5인치까지의 범위에 속하는 가위로 정밀한 블런트 커트 시술 시 사용한다.

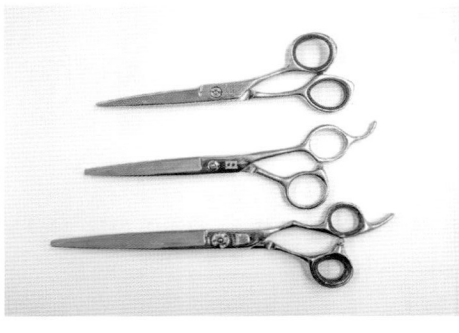

| 가위의 종류 |

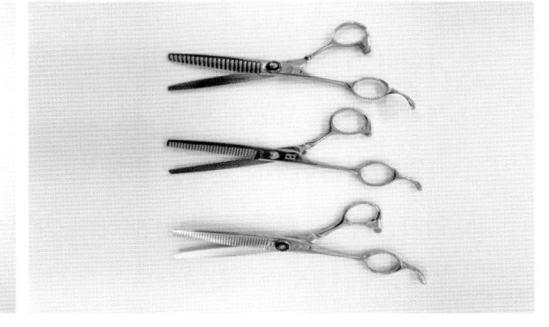

| 틴닝 가위의 종류 |

3) 가위 선택 시 주의점

① 협신으로 갈수록 날 끝이 약간 안쪽으로 자연스럽게 구부러진 것이 좋다.

② 양쪽날이 견고함이 동일해야 좋은 날이라 할 수 있다.

③ 날이 얇고 허리가 강한 것이 좋은 날이라 할 수 있다.

④ 도금된 것은 강철의 질이 좋지 않으니 금하는 것이 좋다.

⑤ 시술자의 손에 편하고 조작하기 쉬워야 한다.

⑥ 잠금 나사가 뻑뻑하거나 느슨하지 않아야 한다.

4) 가위 잡는 법

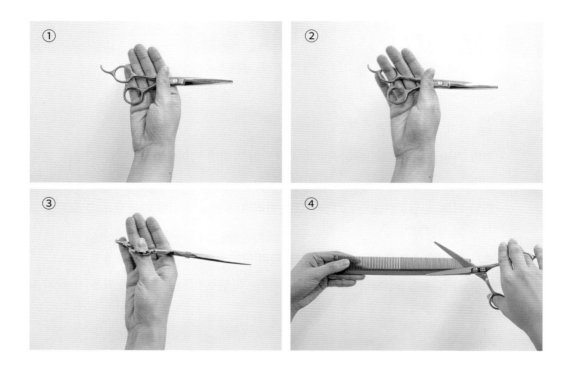

① 가위의 잠근 나사 부위가 위로 보이도록 하고 약지 손가락의 중간 매듭과 집게손가락의 첫 번째 매듭 사이에 사선으로 가위를 놓는다.

② 가위가 사선이므로 손목이 밖을 향해 45° 기울기로 비튼다.

③ 엄지손톱의 1/3을 넘지 않게 해야 가위를 개폐하기 쉬우며 엄지손가락을 사용해서 이동날을 움직여 커트한다.

④ 빗과 가위는 평행을 유지해서 커트한다.

5) 섹션에 따라 커트하는 방법

① 수평 방향: 패널을 수평으로 빗어 잡고 커트 방향을 수평으로 커트한다.

② 세로 방향: 패널을 세로로 빗어 잡고 커트 방향을 세로로 커트한다.

③ 사선(전대각) 방향: 패널을 전대각으로 빗어 잡고 커트 방향을 전대각으로 커트한다.

④ 사선(후대각) 방향: 패널을 후대각으로 빗어 잡고 커트 방향을 후대각으로 커트한다.

6) 틴닝 가위 날의 간격과 시술 방법

모량에 대해 부피를 줄이고 생동감을 만들거나 짧은 모발에 질감을 주기 위해 사용된다.

inch/틴닝 가위 날의 간격	특징
1/8 inch(20발 이하) 	1/8인치 틴닝 가위는최소한의 모량을 제거해 주기 때문에 테이퍼를 약간만 해주고자 할 때 사용된다.
1/16 inch(27~33발) 	1/16인치 틴닝 가위는 중간 정도의 모량을 제거할 때 사용하며 이 기법은 무게감을 줄여 주고 생동감을 준다.
1/32 inch(40발 이상) 	1/32인치 틴닝 가위는 많은 질감을 만들어 주기 때문에 모량을 최대한으로 제거해 주고자 할 때 사용된다.

7) 틴닝 가위로 가로와 세로 패널 잡는 방법

① 양감을 균일하게 할 때 사용하며, 틴닝 가위를 단독 사용 시 라인에 자국이 남음으로 다른 테크닉과 조합하여 사용하면 좋다.

② 틴닝 가위를 개폐하면서 커트해 나가고, 한 번에 몇 번씩 같은 부분을 자르면 자국이 확실히 나므로 주의한다.

틴닝 가위의 패널 잡은 방법		특징
틴닝 가위를 가로로 넣을 때		모량을 균일하게 감소하고 싶을 때 사용된다.
틴닝 가위를 세로로 넣을 때		아우트라인과 잘 융합되게 하고자 할 때. 가위의 개폐 수에 따라 모량을 조절한다.

2. 빗(Comb)

빗은 커트 시술 시 정확하게 모발을 분배하고 조절하거나 모발을 빗어 결을 매끄럽게 정리하는데 사용되며 얼레살과 고운살로 이루어져 있다.

1) 빗의 구조

① 빗등: 빗 전체를 지탱해 주는 역할을 한다.

② 빗살: 두피의 수직으로 세워 가지런히 정리해 주는 역할을 한다.

③ 빗살 끝: 두피에 닿아서 모발을 당겨 일으키는 역할을 한다.

④ 고운살(빗질할 때): 빗살이 촘촘하여 섬세한 빗질이 필요할 때 사용된다.

⑤ 얼레살(섹션을 나눌 때): 블로킹이나 섹션을 나눌 때 사용된다.

⑥ 빗몸: 일직선으로 가지런해야 하며 끝이 둥근 것이 좋다.

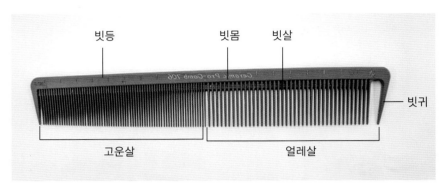

| 빗의 구조 |

2) 빗의 선정 방법

① 빗몸은 일직선으로 가지런해야 하며 끝이 약간 둥근 것이 좋다.

② 빗살은 전체가 균등하게 정렬이 되어야 하고 간격이 일정해야 한다.

③ 빗살 끝은 끝이 뾰족하거나 너무 무딘 것은 피한다.

④ 빗 허리는 안정감이 있고 탄력이 있어야 한다.

3) 빗의 기능

① 커트 시술 시 정확하게 모발을 분배하고 조절하는 데 사용된다.

② 퍼머넌트 웨이브 목적으로 사용된다.

③ 샴푸 시 비듬 제거 등 트리트먼트에 사용된다.

④ 빗살 간격이 넓은 빗은 많은 양의 모발을 조절하는 데 사용되며, 좁은 빗은 짧은 모발의 커트 시 사용된다.

4) 빗의 사용 방법

헤어 시술 시 사용할 용도에 맞는 빗을 선택하여야 한다. 빗을 잡을 때에는 빗질 부분의 반대편을 잡아야 하며, 얼레살은 블로킹과 섹션을 나눌 때 사용하며 고운살은 패널을 빗질할 때 사용한다.

① 섹션을 나눌 경우

· 가로로 섹션을 나눌 때 (얼레살 끝)

· 세로로 섹션을 나눌 때 (얼레살 끝)

· 빗의 기울기가 45°로 기울어진 상태에서 섹션을 나눈다.

② 빗질할 경우

· 밑부분은 고운살을 사용한다.

· 엄지로 빗을 조절하면서 시술한다

③ 가위를 잡고 빗질할 경우

④ 빗질한 상태에서 커트할 경우

⑤ 패널을 잡을 경우

시술할 모발은 한 패널을 뜰 때부터 빗이 시술각을 먼저 잡아 주고 손가락이 정확한 시술
각을 잡아 준다.

3. 레이저(Razor)

　레이저는 모발을 자르기도 하지만 사용 목적에 따라 질감 커트를 동시에 할 수 있다. 가위로 표현할 수 없는 미세한 부분을 질감 처리하며 모선의 가벼움, 매끄러움, 율동감을 주며 여성스러운 아름다움을 연출하기로 한다.

1) 레이저의 구조

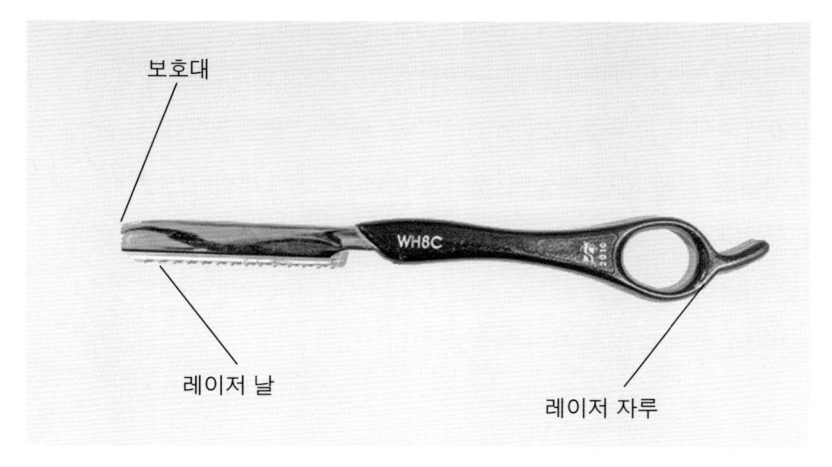

보호대

레이저 날

레이저 자루

| 레이저의 구조 |

2) 레이저의 종류

　① 일반 레이저(Ordinary Razor)

　　· 일반적인 레이저의 유형

　　· 시간상 능률적인 작업에 좋지만 너무 자를 수 있는 위험성이 커서 숙련자에게 적당하다.

　② 세이핑 레이저(Shaping Razor)

　　· 일반 날 또는 양면 날의 유형

　　· 톱니식으로 되어 있어 안전성이 높으며 초보자에게 적합하다.

　　· 시술 시 시간이 오래 걸려 비능률적이다.

3) 특징

① 레이저를 사용하여 모발에 테이퍼링 할 경우 모발 끝에 생동감과 부드러움을 줄 수 있다.

② 모발 끝이 가늘고 부드럽게 약간 확장된 형태 선 만든다.

③ 전체 커트나 질감 처리 시 모두 사용이 가능하다.

4) 레이저 커트의 방법

① 웨트 커트(Wet Cut)로써 물기는 전체적으로 균등하게 분무한 다음 시술한다.

② 수분이 고르게 분무되지 않을 때는 머리카락이 당겨져서 아픔을 주며, 원하는 커트의 길이가 일정하지 않고 마른 모발을 레이저로 커트 시 모발의 손상을 줄 수 있다.

③ 모발의 테이퍼 함에 따라 모발의 겹침에 변화가 생겨 새의 깃털처럼 부드럽고 가벼운 질감을 가진다.

④ 레이저를 이용하여 모발을 자르는 것을 테이퍼링(Tapering)이라고 한다.

⑤ 날과 스트랜드의 각도는 예각이 되도록 한다.

| 커트할 경우 |

| 테이퍼링 커트할 경우 |　　　　| 모량을 정리할 경우 |

4. 클리퍼(Clipper)

클리퍼는 코터의 동력에 의해 이동날이 좌우로 빠르게 이동함에 따라서 모발을 절단하는 도구이며, 1871년 프랑스의 바리캉(Barican)에 의해 발명되어 보통 바리캉이라고 부른다. 우리나라는 1910년에 일본으로부터 수입하여 보급되었다.

1) 클리퍼의 구조와 기능

① 윗날(이동날, Moving Blade): 좌우로 움직여서 밑날과 함께 모발을 절단하는 작용을 한다.

② 밑날(고정날, Fixed Blade): 윗날과 함께 모발을 자르는 역할 및 모발을 같은 길이로 간추리는 빗의 작용을 한다.

③ 몸체(핸들, Body): 클리퍼는 몸체에는 전원 스위치가 있으며, 날을 조정하는 스위치가 있는 클리퍼도 있다.

| 클리퍼의 구조 | | 클리퍼의 종류 |

2) 클리퍼의 종류

① 수동식 클리퍼

주로 이발소에서 많이 사용되며 수염과 짧은 남성 커트, 네이프 부분의 모발을 짧게 싱글링할 때 사용된다.

② 전동식 클리퍼

남성, 여성 커트 모두 사용되며 눈썹 정리 정돈 시 사용된다.

3) 클리퍼의 선정과 관리

① 헤어 클리퍼를 선정할 때에는 디자이너의 체형과 손에 맞고 섬세한 작업을 할 때 안정감을 줄 수 있도록 클리퍼의 무게도 고려하여야 한다.

② 너무 무거우면 장시간 작업 시 피로감을 줄 수 있고, 너무 가벼울 경우 착용감이 떨어져 손의 떨림 현상이 발생할 수 있다.

③ 클리퍼는 전기를 이용하여 커트하는 전자 제품으로 사용 전 충분히 충전하여 커트할 때는 충전기와 분리하여 사용한다.

④ 클리퍼의 종류에 따라 두상에 남겨지는 머리카락의 길이와 조절 방법이 상이할 수 있으므로 클리퍼 사용법을 숙지하여 사용한다.

⑤ 클리퍼의 관리는 작업 후 날을 본체와 분리하여 기계 안으로 들어간 모발을 전용 솔로 제거하고 날에 클리퍼용 또는 미용 가위용 오일을 충분히 발라 주어 보관한다.

4) 클리퍼 잡는 기법

① 한 손 기법
- 조금 올릴 때 사용한다.
- 엄지손가락은 클리퍼 위에 얹는다.
- 검지손가락은 클리퍼 뒷날 선에 놓고 중지와 약지, 소지 손가락은 뒷면에 자연스럽게 얹는다.

② 양손 기법

- 클리퍼 시술 시 가장 많이 사용한다.
- 양손 엄지손가락은 클리퍼 위에 검지 손가락은 클리퍼 옆에 놓는다.
- 남은 손가락은 클리퍼 밑부분을 잡는다.

③ 펜슬 기법

- 크라운과 톱 부분에 주로 사용한다.
- 펜을 잡듯이 팔목의 스냅을 이용해서 커트한다.

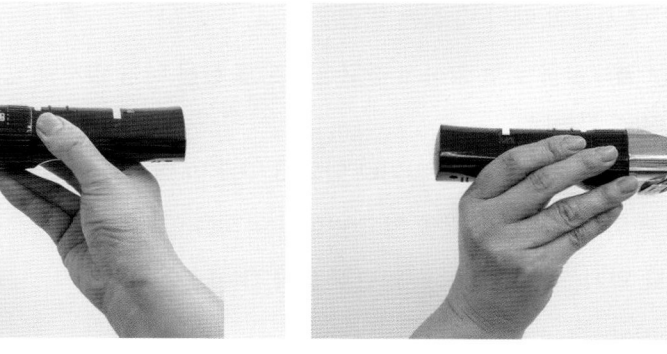

5) 클리퍼 시술 시 빗 잡는 방법

① 클리퍼 사용할 때의 빗 잡는 방법 1

- 빗살 끝부분을 위로 향하게 하고 왼손으로 잡는다.
- 약지와 소지 손가락 사이에 빗을 올려놓는다.
- 엄지손가락으로 빗등을 받치고, 검지로 빗살 끝을 잡은 다음 활 모양으로 만든다.
- 나머지 세 손가락으로 빗을 가볍게 오므려 쥔다.

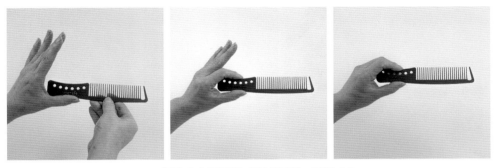

| 클리퍼 사용할 때의 빗 잡는 방법 1 |

② 클리퍼 사용할 때의 빗 잡는 방법 2

- 빗살 끝부분을 위로 향하게 하고 왼손으로 잡은 다음 엄지와 검지 손가락으로 활 모양으로 빗을 잡는다.
- 엄지손가락으로 빗등을 밀거나 당겨서 빗을 반 회전시킨다.
- 빗 등 위에 검지 손가락을 얹고 빗살이 아래로 향하게 한다.
- 중지, 약지, 소지 손가락을 밑으로 살짝 접는다.

| 클리퍼 사용할 때의 빗 잡는 방법 2 |

6) 클리퍼와 커트 빗 사용할 경우 자세

클리퍼를 사용하여 커트를 시술할 경우 빗살에 클리퍼를 밀착시키듯 스치며 빗을 잡은 손 쪽으로 미끄러지듯 이동하며 빗살 위로 튀어나온 모발을 자른다. 시술 시 커트 빗을 잡은 손에 의해 시술 각도나 모발 길이를 조절할 수 있다.

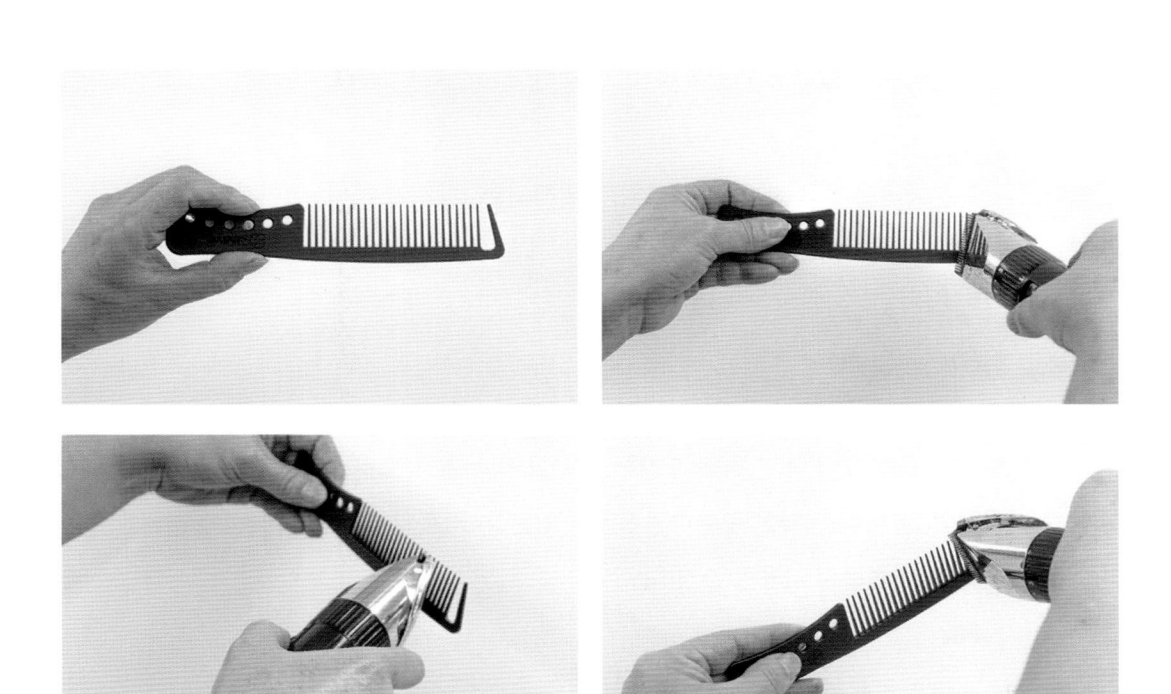

| 커트 시술 방법 1 |

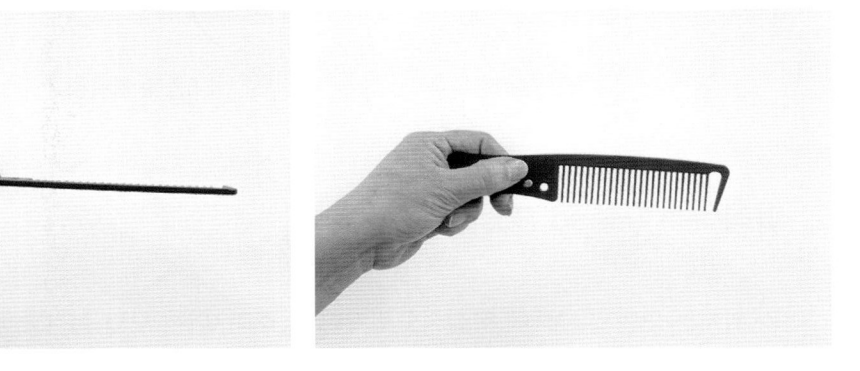

| 커트 시술 방법 2 |

기초 헤어커트를 위한 기술

헤어커트를 정확하고 일관성 있게 커트하기 위해서는 블로킹, 섹션, 슬라이스, 시술 각도, 베이스 등에 대한 이해가 필요하다.

1. 블로킹(Blocking)

모발의 조절을 용이하게 하기 위해 두상의 등분을 나누는 것으로 4등분은 정중선과 측중선을 나누며, 앞머리 영역을 구분하면 5등분이 된다. 커트의 디자인을 어떻게 하느냐에 따라 다양하게 블로킹 사용할 수 있다.

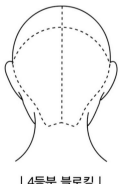

| 4등분 블로킹 |

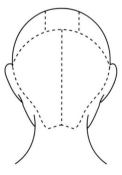

| 5등분 블로킹 |

2. 머리 위치(Head Position)

머리 위치는 모발의 분배에 직접적으로 영향을 주며, 이는 모발 질감과 커트라인의 방향에 영향을 준다. 일반적으로 두상의 한 부분을 커트하는 동안 일정하게 유지한다.

1) 앞 숙임(Forward)

① 모발이 약간씩 안으로 말려 들어간다.

② 주로 형태 선의 끝마무리로 많이 사용된다. (원랭스의 경우 속말음 효과가 있다.)

③ 그래쥬에이션, 레이어 커트 시 많이 사용된다.

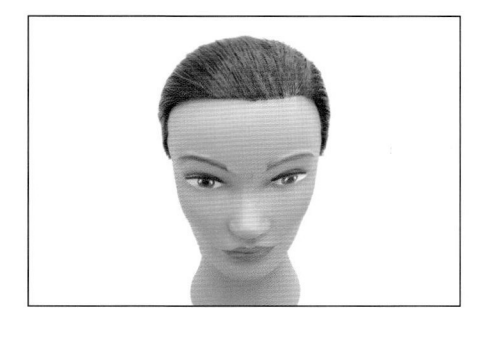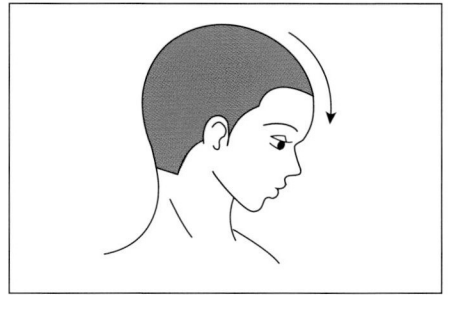

2) 똑바로(Up-Right)

① 가장 자연스럽고 고른 효과

② 똑바로 한 상태에서 커트할 경우 가장 자연스럽다.

③ 원랭스 커트에 많이 사용된다.

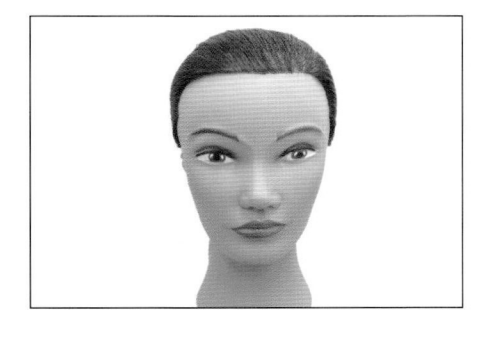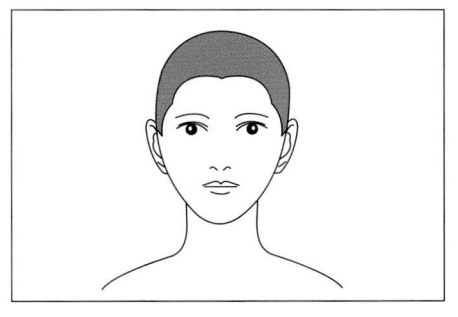

3) 옆 기울임(Tilted)

① 형태 선의 쉬운 마무리를 위해 사용된다.

② 사이드가 짧은 디자인 라인을 만들려고 할 경우 사용된다.

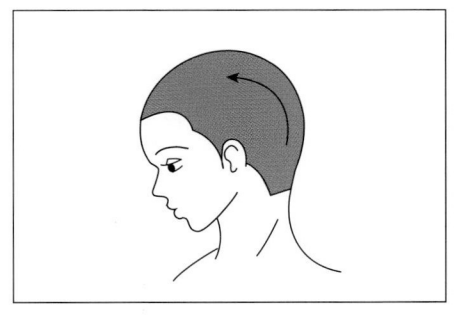

3. 섹션(Section)

커트 시술 시 두상에서 블로킹을 나눈 후 커트 디자인의 설계와 특징에 따라 슬라이스 라인을 다시 작은 구역을 나누는 것을 말하며 형태 선과 평행하게 나눈다. 수평(가로), 수직(세로), 전대각, 후대각, 방사선 등이 있다.

(1) 가로 섹션(Horizontal Section): 가로 또는 수평으로 나누는 것으로 형태 선을 수평으로 만들 때 사용된다. 원랭스, 그래쥬에이션 커트 시 사용된다.

(2) 세로 섹션(Vertical Section): 세로 또는 수직으로 나누는 것으로 그래쥬에이션, 레이어 커트 시 사용된다.

(3) 사선 섹션(Diagonal Forward Section, 전대각): 두상의 뒤쪽에서 얼굴 방향으로 나누는 것으로 스파니엘 커트 또는 A라인 스타일 커트 시 사용된다.

(4) 사선 섹션(Diagonal Backward Section, 후대각): 두상의 뒤에서 얼굴 방향으로 나누는 것으로 이사도라 커트 또는 U라인 스타일 커트 시 사용된다.

(5) 방사선 섹션(Pivot Section): 파이 섹션, 오렌지 섹션이라고도 불린다. 두상의 피벗에서 똑같은 크기의 섹션을 나누기 위해 사용된다. 레이어 커트 시 사용된다.

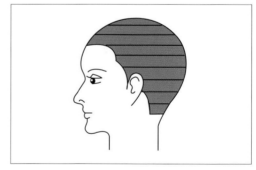

| 가로 섹션 |

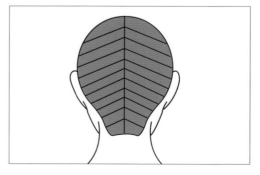

| 사선 섹션 - 전대각 |

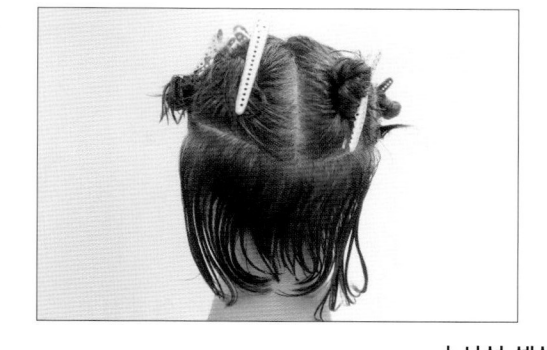

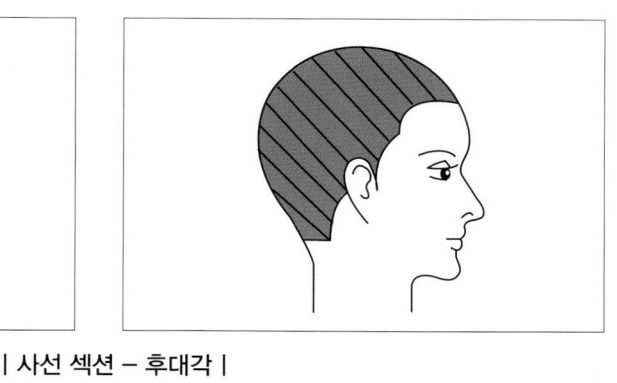

| 사선 섹션 - 후대각 |

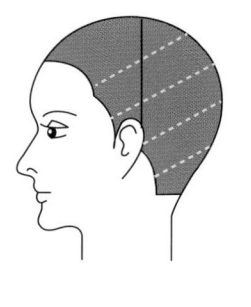
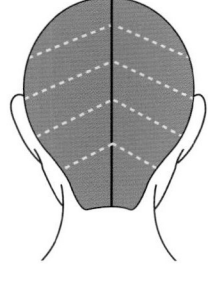
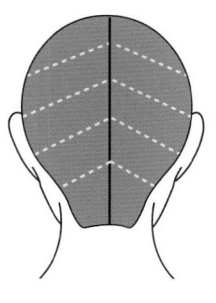

| 세로와 방사선 섹션 |

4. 슬라이스 라인(Silce Line)

슬라이스는 모발을 작게 나누는 것을 의미하며, 섹션 라인과 유사한 개념으로 사전에 계획된 커트 디자인의 형태 선(Out Line)에 맞추어 헤어커트를 시술하기 위하여, 두상에서 모발을 나누는 선의 형태를 말한다. 수평으로 나누는 평행 라인(Parallel Line), 전대각선으로 나누는 A 라인(Concave), 후대각선으로 나누는 V 또는 U라인(Convex)이 있다. 전대각선과 후대각선의 경우, 기울기에 따라 완성되는 커트 스타일의 형태와 형태 선이 달라지며 이미지도 다르게 나타난다.

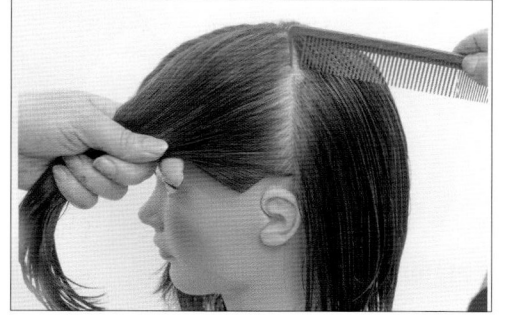

| A라인 | | 평행 라인 |

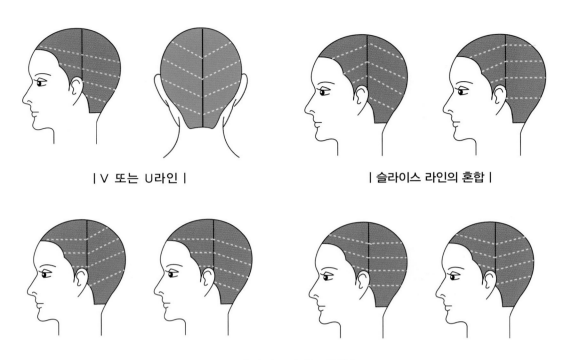

| V 또는 U라인 | | 슬라이스 라인의 혼합 |

| 슬라이스 라인의 혼합 |

5. 베이스(Base)

헤어스타일의 형태 선을 만드는 중요한 시술 형태로 섹션과 패널의 자리로 길이의 변화를 가질 때 사용된다

1) 세로로 커트하는 경우

① 온 더 베이스(On the Base)
- 커트 시 좌·우 동일한 길이로 커트할 때 사용된다.
- 베이스의 중심에서 슬라이스 라인에 직각(90°)으로 모아 커트한다.
- 베이스의 폭은 2~3cm가 적당하며, 동일한 베이스의 폭으로 슬라이스 하지 않을 시 길이의 단차가 생긴다.

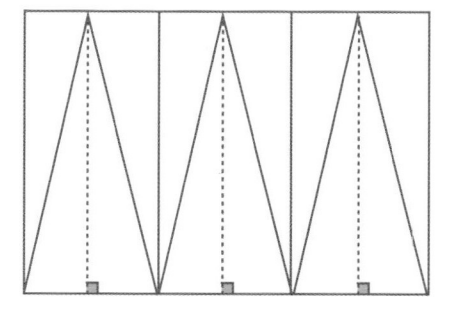
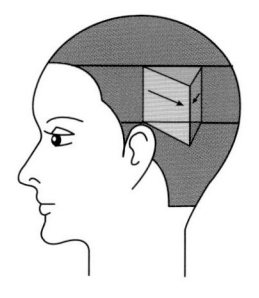

② 사이드 베이스(Side Base)

- 헤어커트를 하려고 패널을 잡았을 때 한쪽 변이 90°
- 커트 시 베이스의 중심이 우측 변 또는 좌측 변으로 선정하고 그 기준을 중심으로 모발의 길이가 점점 길게 또는 짧게 된다.

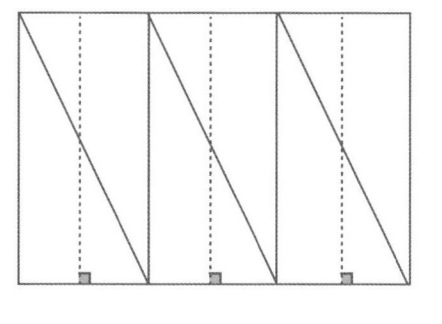
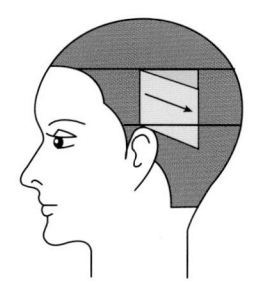

③ 오프 더 베이스(Off the Base)

- 헤어커트를 하려고 패널을 잡았을 때 한 변이 90° 이상으로 베이스를 벗어나 밖으로 나가는 것을 말한다.
- 시술자의 의도에 따라서 사이드 베이스의 기준선을 넘어서 일정한 각도를 끄는 것을 말한다.
- 우측 또는 좌측으로 얼마만큼 당기는지에 따라 사선의 경사도가 달라지므로 급격한 모발의 변화를 요구할 때 사용된다.

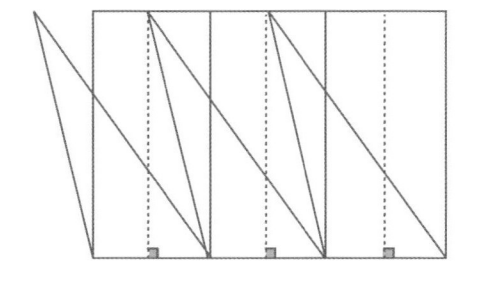
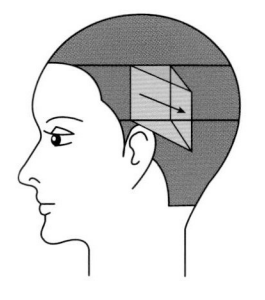

④ 프리 베이스(Free Base)

- 온 더 베이스와 사이드 베이스 중간의 베이스를 말한다.
- 모발 길이가 두상에서 자연스럽게 길어지거나 짧아지게 자를 때 사용된다.

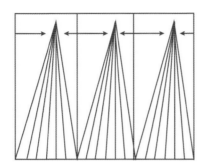 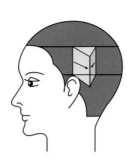

2) 가로로 커트하는 경우

가로는 수평 또는 평행이라고도 하며, 베이스의 구분은 온 더 베이스, 업 사이드 베이스, 다운 사이드 베이스, 업 오프 더 베이스, 다운 오프 더 베이스로 구분한다.

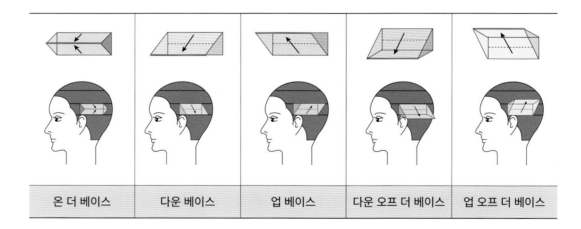

| 온 더 베이스 | 다운 베이스 | 업 베이스 | 다운 오프 더 베이스 | 업 오프 더 베이스 |

3) 사선으로 커트하는 경우

사선으로 커트하는 경우에는 앞쪽으로 갈수록 길어지게 하는 전대각 사선과 뒤쪽으로 갈수록 길어지게 하는 후대각 사선이 있다. 온 더 베이스, 업 사이드 베이스, 다운 사이드 베이스, 업 오프 더 베이스, 다운 오프 더 베이스로 구분한다.

① 전대각 사선

② 후대각 사선

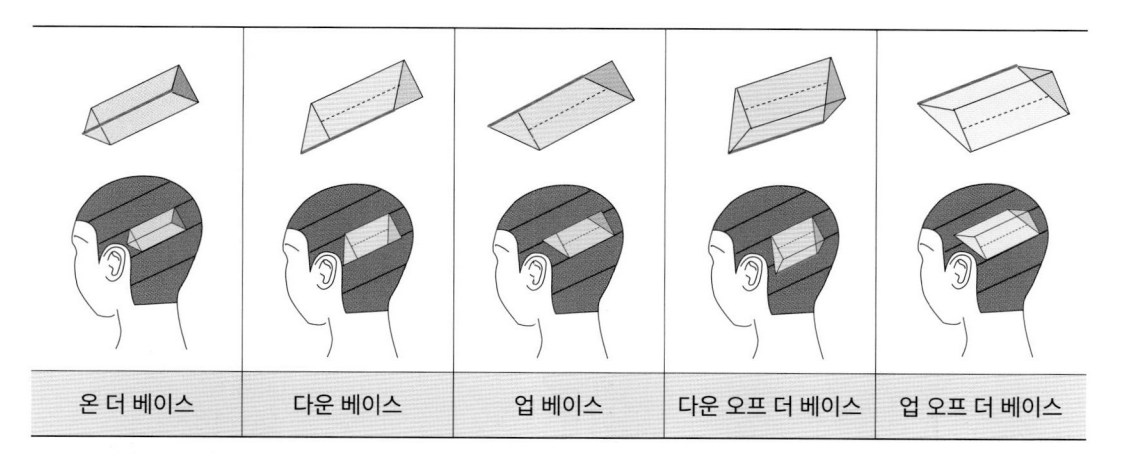

6. 분배(Distribution)

분배란 두상에 관련하여 모발을 빗는 방향이다. 분배에는 자연 분배, 직각 분배, 변이 분배, 방향 분배가 있다.

1) 자연 분배(Natural Distribution)

① 모발이 두상 곡면에서 중력 방향으로 자연스럽게 떨어지는 방향을 의미한다.

② 중력과 자연 모발 성장 패턴이 방향에 영향을 준다.

③ 수평, 좌대각, 우대각 섹션을 사용한다.

④ 원랭스와 그래쥬에이션 커트 시 사용된다.

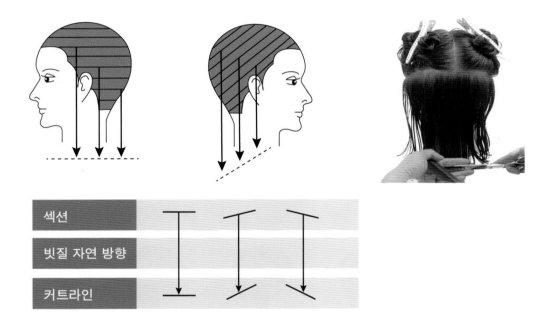

2) 직각 분배(Perpendicular Distribution)

① 섹션에 대해 모발이 직각(90°)으로 빗겨지며, 수직 분배라고도 한다.

② 수평, 대각, 수직 섹션에서 사용된다.

③ 모발이 자연 시술각 상태에서 벗어나게 된다.

④ 그래쥬에이션이나 레이어 커트 시 사용된다.

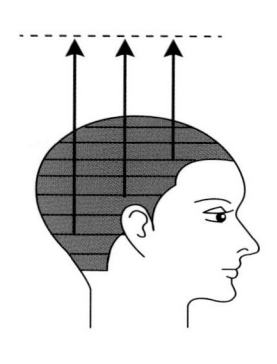
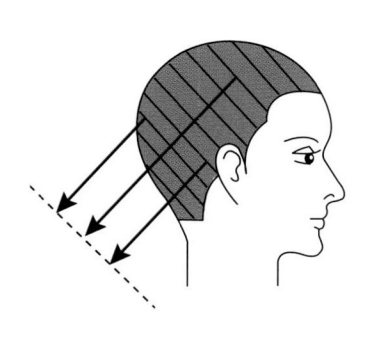

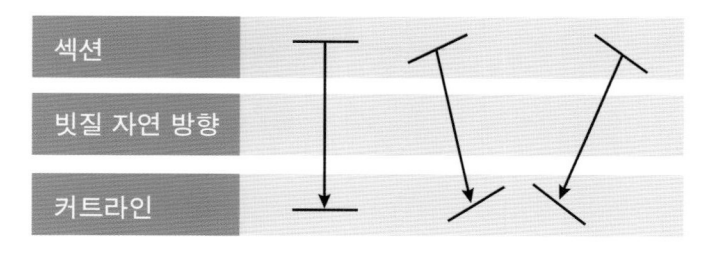

섹션		
빗질 자연 방향		
커트라인		

3) 변이 분배(Shifted Distribution)

① 섹션에 대해 모발이 임의의 방향으로 빗겨지며, 자연 분배나 직각 분배가 아닌 다른 모든 방향으로 빗질한다.

② 긴 모발과 짧은 모발을 연결할 때 사용된다.

③ 원랭스를 제외한 모든 커트에서 사용된다.

④ 급격한 길이를 보이거나 각 부분들 간의 길이를 연결할 때 사용된다.

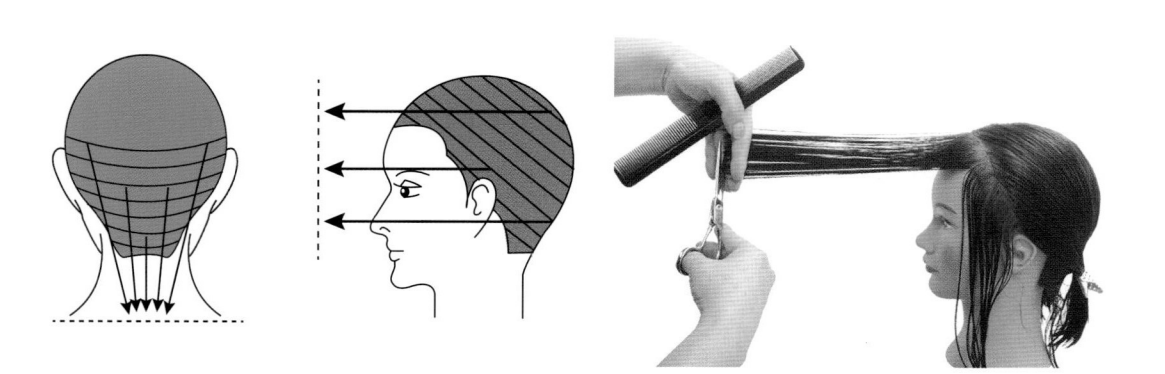

4) 방향 분배(Directional Distribution)

① 일관성을 유지하기 위해 특정한 방향을 정해 두고 모발을 빗질한다.

② 두상의 곡면으로 인해 길이가 길어지는 결과를 가져온다.

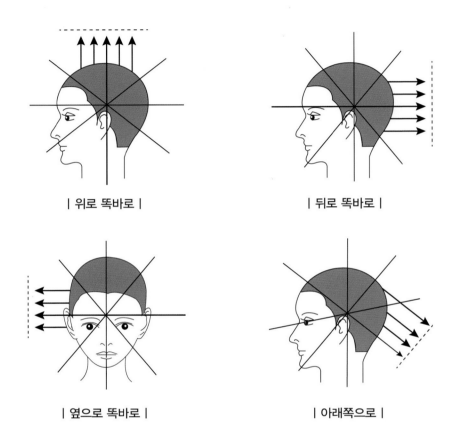

| 위로 똑바로 |

| 뒤로 똑바로 |

| 옆으로 똑바로 |

| 아래쪽으로 |

7. 시술 각도(Angle)

헤어커트 시 두상으로부터 모발을 들어 올려 펼치거나 내려진 상태로 커트하는 각도를 말하며 자연 시술각과 일반 시술각으로 나뉜다.

① 자연 시술각(Natural Fall)
- 중력에 의해 모발이 자연스럽게 떨어진 모양을 이용한 시술각이다.
- 천체축 기준 각도
- 주요 각도는 0°, 45°, 90°이다.

· 0°에서 90°에 이르는 모든 각도를 사용하며 10° 당 1cm로 각도를 구상한다.

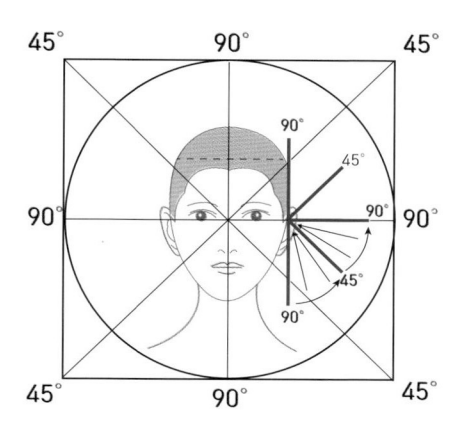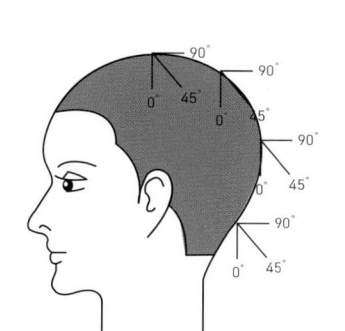

② 일반 시술각(Normal Projection)

· 두상의 곡면을 따라 둥글게 굴려져 모발이 들리는 각도를 말한다.

· 모발을 두상에서 들어 올려 펼쳐 빗었을 때 나타나는 각도로 베이스의 모발을 빗어 잡았을 때 두상의 둥근 접점을 기준으로 한 각도이다.

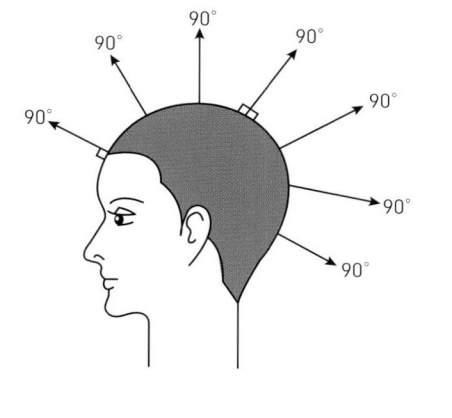

1) 원랭스형에 사용되는 시술각

① 자연 시술각

· 중력에 의해 모발이 자연스럽게 떨어지는 그대로의 방향을 말한다.

· 두상의 어떤 부위에서는 자연 시술각이 0°가 되기도 한다.

· 면에서 시작점에서 무조건 떨어지는 각도 0°이다.

② 시술각 0°

- 0°는 모발이 두상의 표면에서 평평하게 붙는 것을 말한다.
- 원랭스형 커트 시 시술각을 0°로 할 경우 약간의 베벨 언더 효과를 볼 수 있다.

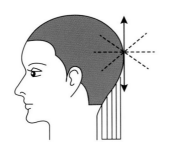 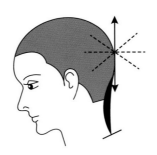

2) 그래쥬에이션형에 사용되는 시술각

① 시술각은 1°~ 89° 사용한다.

② 시술각이 높을수록 그래쥬에이션 질감이 많이 보이고 경사선이 더 급격해진다.

③ 45°는 중간 경사선을 만들기 위해 사용되는 표준 시술각이다.

로우 그래쥬에이션	미디엄 그래쥬에이션	하이 그래쥬에이션
(1~30°)	(31~60°)	(61~89°)

3) 유니폼 레이어형에 사용되는 시술각

① 일반 시술각을 사용하며 두상의 곡면을 따라 둥글게 굴려져 모발이 들리는 각도를 말한다.

② 두상의 곡면에 따라 둥근 형태를 유지하게 된다.

③ 모발을 두상에서 90° 들어 올려 펼쳐 빗었을 때 나타나는 각도로 베이스의 모발을 빗어 잡았을 때 두상의 둥근 접점을 기준으로 한 각도이다.

④ 수직, 수평, 후대각, 전대각으로 다양하게 응용될 수가 있다.

⑤ 동일한 길이로 커트해야 하기 때문에 이동 디자인 라인을 사용한다.

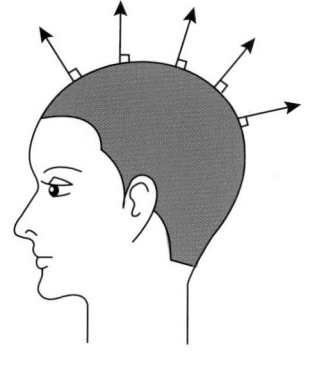

4) 인크리스 레이어형에 사용되는 시술각

① 일반적으로 0°, 45°, 90°를 사용한다.

② 시술각은 한 부분에서의 모든 길이가 집중되는 고정 디자인 라인이 적용된다.

③ 길이의 증가 비율, 유지된 길이의 양은 고정 디자인 라인을 만들기 위해 사용되는 각도에 의해 결정된다.

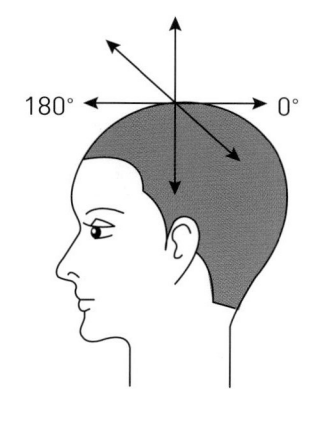

8. 손가락 위치(Finger Position)

1) 평행 손가락 자세(Parallel Finger Position)

① 모발을 조절하는 손가락은 베이스 섹션에 평행하게 놓여지고 의도한 선을 가장 완벽하게 만들 수 있다.

② 손가락, 가위 모두가 평행인 상태를 말한다.

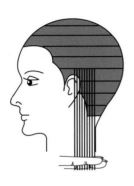

2) 비평행 손가락 자세(Non Parallel Finger Position)

① 손가락이 비평행하게 놓인 상태를 말하며, 과장된 길이 증가 대조되는 길이 간의 연결 시 사용된다.

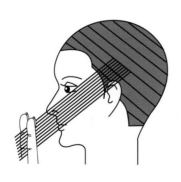

9. 가이드 라인(Guide Line)

커트할 때 사용되는 머리의 모양 패턴이나 길이 가이드. 디자인 라인이 형태 선이 될 수도 있으며 고정, 이동, 다중(혼합) 디자인 라인이 있다.

1) 고정 디자인 라인(Stationary Design Line)

① 디자인 라인이 이동하지 않는다.

② 처음 가이드 라인에 맞춰 커트한다.

③ 반대편의 모발의 길이가 점차적으로 증가를 원할 때 사용된다.

④ 원랭스, 인크리스 레이어 커트 시 사용된다.

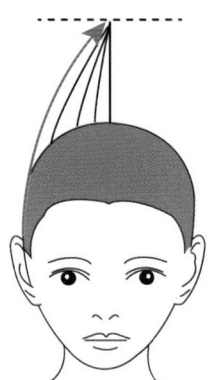
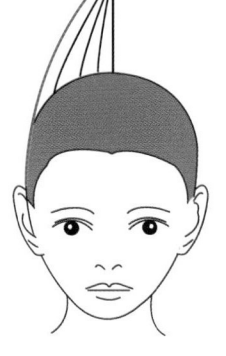

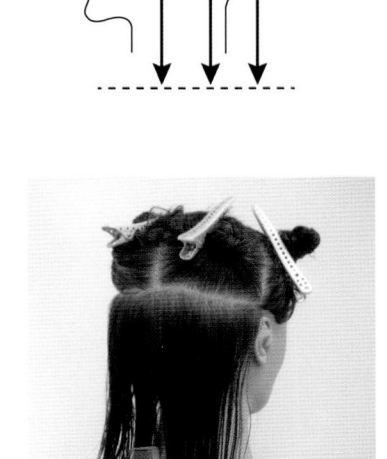

2) 이동 디자인 라인(Mobile Design Line)

① 커트하는 길이 가이드가 움직이는 것으로 이전에 커트 된 모발의 일부분을 다음 커트 할 섹션의 길이 가이드로 사용한다.

② 유니폼 레이어와 그래쥬에이션 커트 시 사용된다.

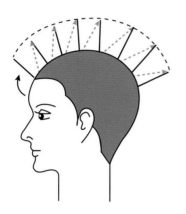  

3) 다중 디자인 라인(Multi Design Line)

① 전체적으로 층진 모발 질감을 원하지만 네이프 부분의 모발 길이가 충분치 않을 때 새 로운 디자인 라인을 만들어 사용한다.

② 인크리스 레이어 커트 시 사용된다.

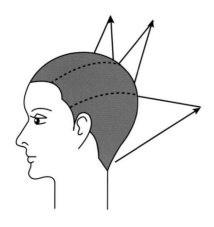 

테크닉

커트의 절차에 따라 시술 과정을 결정한 후 커트할 도구와 그 도구에 따른 테크닉을 정하게 된다.

1. 커트 기법 용어

1) 블런트 커트(Blunt Cut)

모발 끝이 뭉툭하고 직선으로 커트하는 기법이다. 블런트 커트는 모발 손상이 적으며 길이는 제거되지만 부피는 그대로 유지되고 무게감이 모발 끝에 그대로 남아 있다.

2) 나칭(Notching)

머리끝으로부터 가위를 45° 정도로 비스듬하게 세워 모발 끝을 톱니 모양으로 지그재그로 커트하는 기법이다. 커트 후 모발의 불규칙한 디자인 선을 만들어 무게감이 제거된 가벼운 형태 선을 만든다. 블런트 커트보다 탁탁한 느낌을 다소 감소시킬 수 있으며 웨이브 머리에 이상적이다. 포인트(Point) 테크닉이라고도 한다.

3) 슬라이드 커트(Slide Cut)

모발 끝을 향해 가위가 미끄러지듯 커트하는 기법으로 자연
스러움과 가벼움을 표현하기 위해 부드럽게 연결하는 동작을
말한다. 가위를 벌려 짧은 길이에서 긴 길이를 연결할 때 사용
된다.

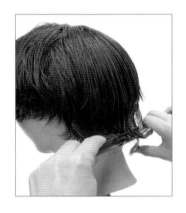

4) 싱글링(Shingling)

모발이 짧아서 손으로 잡기 힘들 때 주로 사용하는 방법으로
네이프에서 시작하여 빗을 모발에 대고 위로 이동하면서 가위
를 개폐한다.

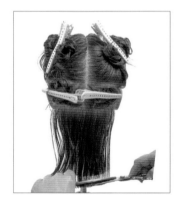

5) 콤 컨트롤(Comb Control)

헤어커트 시 모발에 손을 대지 않고 빗만 이용하여 커트하는
기법으로 모발 길이를 커트할 때 텐션을 최소화하기 위해 빗을
사용한다.

6) 프리 핸즈 커트(Free Hands Cut) - 감각 커팅

손가락이나 다른 어떤 도구를 사용하지 않고 자유롭게 행하
는 커트 방법이다. 텐션을 가하지 않는 상태에서 시술되며 모류
의 방향성을 최대한 살려 느낌만으로 시술한다.

7) 레이저 아킹(Razor Arching)

모발의 안쪽에 레이저 날을 갖다 대고 반원형을 그리듯 커트하는 기법이다. 커트 후 안말음 효과가 있다. 레이저 날의 위치는 커트하고자 하는 모발 아래에 두고 45° 기울기로 시술한다.

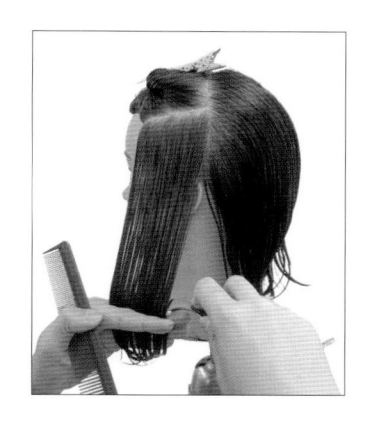

8) 레이저 에칭(Razor Etching)

모발의 길이와 무게감을 줄이면서 모발을 커트하기 위해 모발의 표면을 커트하는 방법으로 날의 위치는 모발의 위에 위치한다. 스트로크의 길이가 모발 끝의 페이퍼하는 양을 결정하며 커트 후 겉말음 효과가 있다.

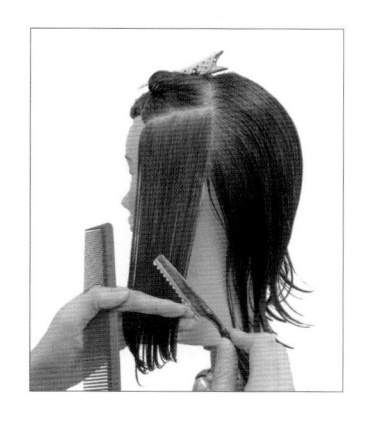

9) 필링(Peeling)

부드럽고 불규칙적인 모발 끝 질감을 만드는 테크닉으로 모발을 레이저의 날과 엄지손가락 사이에 잡고 빠르게 모발을 커트하는 기법이다.

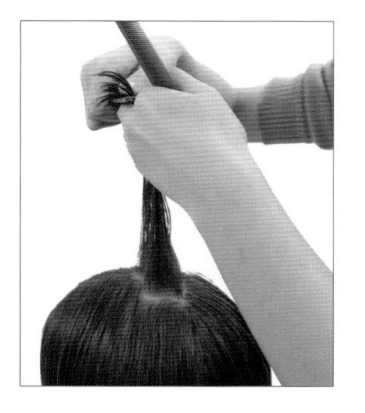

2. 질감 기법 용어

1) 포인팅(Pointing)

모발 끝에서 스트랜드를 잡고 손가락 쪽으로 가위를 세로로 나칭보다 더 깊게 넣어 커트하는 기법이다. 질감은 가위가 들어가는 깊이와 횟수에 따라 달라진다. 드라이가 끝난 다음 마무리 기법에서 주로 사용한다.

2) 슬라이싱(Slicing)

모발 표면에 따라 가위를 개폐하고 미끄러지듯 커트하는 방법으로 가위의 벌린 정도에 따라 질감을 표현하고 정리할 때 사용된다. 불규칙한 움직임이나 가벼운 이미지를 나타내고 싶을 경우 사용된다. 웨이브 머리에는 운동감과 확장감을 준다.

3) 겉말음 기법(Bevel Up)

스트랜드 바깥쪽 부분을 레이저를 이용하여 질감을 주는 방법으로써 에칭 기법을 한층 더 효과 있게 표현하고자 할 때 사용된다. 레이저 날을 모발 표면에 놓고 곡선을 그리듯이 움직여 준다. 시술각이나 압력은 원하는 겉말음의 양에 의해 결정되며 조절 가능하다. (겉말음의 효과)

4) 안말음 기법(Bevel Under)

스트랜드 안쪽 부분을 레이저를 이용하여 질감을 주는 방법으로써 아킹을 한층 더 효과 있게 표현하고자 할 때 사용된다. 레이저 날의 모발 뒷면에 놓고 곡선을 그리듯 움직여 준다. 테이퍼 되는 숱의 양을 볼 수 있기 때문에 원하는 만큼의 질감 처

리를 할 수 있으며 모발의 끝이 안쪽으로 잘 말려 들어가게 하는 기법으로 사용된다. (안말음의 효과)

5) 레이저 회전 기법(Razer Rotation)

무게감을 줄이고 레러저와 빗을 이용하여 부분을 연결하거나 두상의 윤곽에 따라 모발을 밀착시킬 때 사용된다. (레이저와 빗을 사용하여 두상에 밀착시켜 회전한다.)

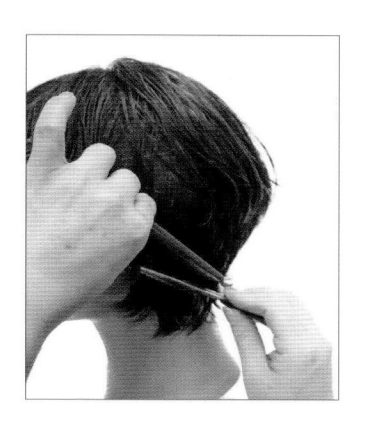

6) 틴닝(Thinning)

모발의 길이는 줄이지 않고 전체적인 모량에 대해 부피를 줄이고 생동감을 만들거나 짧은 모발에 질감을 주기 위해 사용된다. 시술하기 전에 어느 부분에 시술할 건지 미리 정하고 사용해야 한다.

① 1/8 inch(20발 이하)
최소한의 모발을 제거하거나 테이퍼를 약간만 해주고자 할 때 사용된다.

② 1/16 inch (27~33발)
중간 정도의 모발을 제거할 때 사용하며 이 기법은 무게를 줄여 주고 생동감을 준다.

③ 1/32 inch(40발 이상)
모발을 최대로 많이 제거하고자 할 때 사용된다.

7) 테이퍼링(Tapering)

테이퍼링은 끝을 가늘게 한다는 뜻으로 모발 끝으로 갈수록 점차적으로 붓처럼 가늘고 자연스럽게 모발의 양을 조절하기 위해 머릿결의 흐름을 불규칙으로 커트하는 과정을 말한다.

① 엔드 테이퍼링(End Tapering)

스트랜드 1/3 이내의 모발 끝을 테이퍼 하는 방식이다. 보통 모발의 숱이 적거나 스타일의 선을 부드럽게 보이기 원할 경우 행해진다.

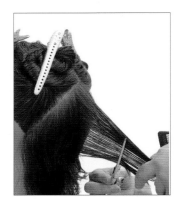

② 노멀 테이퍼링(Normal Tapering)

스트랜드 1/2 이내의 모발 끝을 테이퍼 하는 방식이다. 보통 모발 숱이 보통일 때 행해진다.

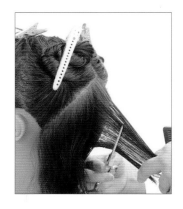

③ 딥 테이퍼링(Deep Tapering)

스트랜드 2/3 이내의 모발 끝을 테이퍼 하는 방식이다. 모발 숱이 지나치게 많을 경우 모발의 양을 적게 보이기 위해 행해진다.

8) 스트록 커트(Stroke Cut)

가위를 사용하여 마른 모발에 테이퍼링 하는 기법으로 손가락으로 모발의 패널을 잡고 가위가 비스듬하게 모발 끝에서 두피 쪽으로 들어가면서 반복해서 밀어쳐서 모량을 줄이는 기법으로 모발 끝의 움직임과 가벼움, 부드러운 라인을 만드는 목적으로 사용된다.

원랭스 커트(One Length Cut)의 개요

원랭스란 '동일한 선상에서 모발을 자른다'라는 뜻으로 모든 섹션을 자연 시술각 또는 0°로 자연스럽게 빗어 내린 후 일직선의 동일 선상에서 같은 길이가 되도록 커트하는 방법이다.

구조(Structure)
모발의 길이가 네이프에서 톱 쪽으로 길이가 증가 (엑스테리어 → 인테리어로 모발의 길이가 증가) 가장자리에 무게감이 형성된다.
모양(Shape)	종형
질감(Texture)	100% 언엑티베이트
가이드라인(Guide Line)	고정 디자인 라인
머리 위치(Head Position)	똑바로
섹션(Section)	디자인 라인과 평행
분배(Distribution)	자연 분배
시술각(Angle)	자연 시술각, 0°
손가락 위치(Finger Position)	디자인 라인과 평행

1. 원랜스 커트의 종류

구분	패럴렐 보브 (Parallel Bob)	이사도라 (Isadora)	스파니엘 (Spaniel)
특징	• 앞머리와 뒷머리 모발 길이가 같이 바닥면과 평행한다. • 평행 라인	• 커트 선이 앞머리보다 뒤쪽의 머리가 길다. • 후대각 라인	• 커트 선이 뒤쪽보다 앞쪽의 모발 길이가 길다. • 전대각 라인
도해도			
구조			
완성			

2. 원랭스 커트의 절차

1) 모양(Shape)

원랭스 커트의 형태 선은 4가지 패턴으로 나뉜다.

① 패럴렐 보브(수평 라인)

　네이프 라인의 모발 끝을 기준으로 커트 라인이 수평으로 일직선인 스타일이다.

② 이사도라(후대각 라인)

　커트 라인이 네이프보다 앞머리가 짧아지는 일직선 스타일이다.

③ 스파니엘(전대각 라인)

　커트 라인이 네이프보다 앞머리가 길어지는 일직선 스타일이다.

④ 머시룸

　커트 라인이 얼굴 정면에서 네이프 쪽으로 일직선인 스타일이다.

수평 라인	전대각 라인	후대각 라인	컨케이브 라인	컨백스 라인

2) 구조

① 엑스테리어의 짧은 모발에서 인테리어로 모발의 길이가 증가한다.

② 모든 모발의 길이가 같은 레벨에 떨어진다.

③ 주변 머리에서 최대의 무게감이 형성된다.

④ 모발 길이에 따라서 이미지가 달라 보인다.

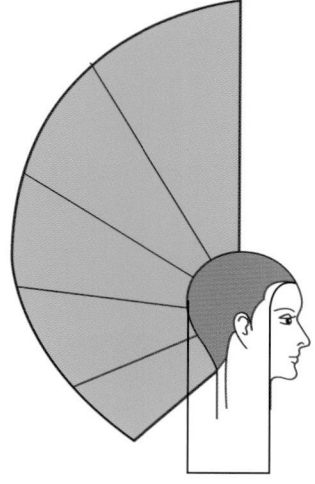
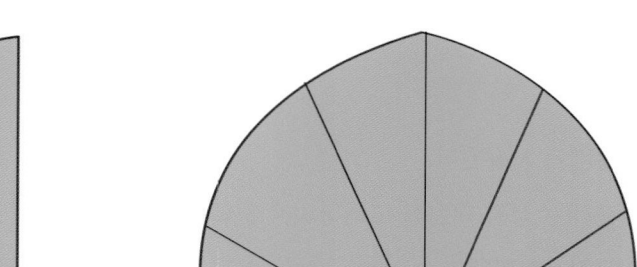

3) 머리 질감

① 표면이 매끄럽고 잘린 모발의 끝이 보이지 않은 매끄러운 질감(100% 언엑티베이트)

② 웨이브나 컬이 진 모발을 커트할 경우 표면이 엑티베이트 한 것처럼 보인다.

4) 디자인 라인

① 원랭스형은 아웃 라인에 따라 형태 선을 결정한다.

② 고정 디자인 라인을 사용한다.

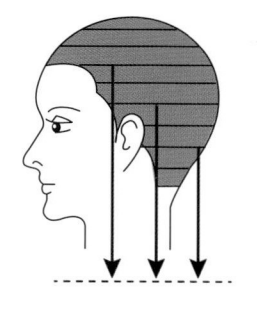
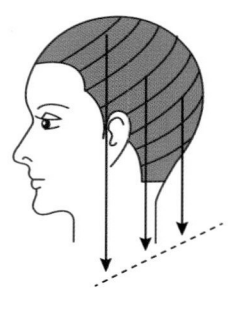
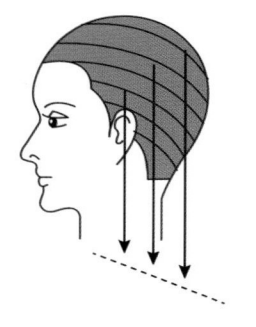

5) 머리 위치

① 원랭스형의 커트는 일반적으로 똑바로 세워진다.

② 고개를 숙였을 경우 안말음 효과가 있다.

6) 섹션 나누기 / 섹션

디자인 라인에 평행이 되게 커트한다.

7) 분배

① 자연 분배가 사용된다.

② 자연 분배는 성장 패턴을 고려하기 때문에 크레스트 윗부분에 특별히 주의해야 한다.

③ 텐션은 최소화한다.

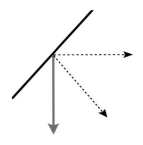
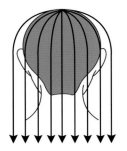
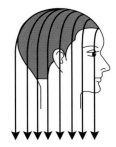

8) 시술각

① 원랭스형을 커트에서는 자연 시술각과 0 °이다.

② 자연 시술각은 자연 분배 상태에서 중력에 의해 모발이 자연스럽게 늘어 떨어지는 각도를 말한다.

③ 0°의 시술각에서는 사용하는 베이스 섹션에 따라 모발이 두상의 표면에 편편하게 놓인다.

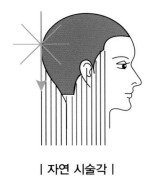

| 자연 시술각 |

| 시술각 0˚ |

9) 손가락/ 가위 위치

① 디자인 라인에 평행한다.

② 손가락이나 손등 또는 빗으로 머리를 조절하여 커트할 수도 있다.

③ 커트를 하는 손은 손바닥을 위로 할 수도, 아래로 둘 수도 있다.

10) 기타

① 콤 컨트롤: 모발의 길이를 커트할 때 텐션을 최소화하기 위해 빗을 사용하며 디자인 라인, 빗, 가위 모두 평행이 되어야 한다.

② 감각 커팅: 손가락이나 다른 어떤 도구를 사용하지 않고 커트하는 방식이다.

③ 곱슬머리는 오버래핑(Over Lapping) 테크닉을 사용하며 형태 선은 가위 끝으로 정리한다.

3. 원랭스(One Length) – 수평 라인(패럴렐 보브)

학습 내용	원랭스 수평 라인(패럴렐 보브)
수업 목표	• 원랭스 특징을 분석할 수 있다. • 원랭스 수평 라인의 섹션을 알 수 있다. • 원랭스 헤어커트를 위해 슬라이스를 할 수 있다. • 원랭스 헤어커트를 위해 시술 각도를 조절할 수 있다. • 텐션을 최소화할 수 있는 커트 방법을 설명할 수 있다.

구조 그래픽	섹션

섹셔닝	C.P ~ N.P	E.P ~ to~ E.P
머리 위치	똑바로	똑바로
섹션	수평	수평
분배	자연	자연
시술각	자연	자연
손가락 위치	평행	평행
가이드라인	고정	고정
기법	블런트/나칭	블런트/나칭

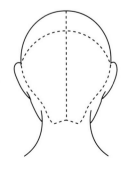 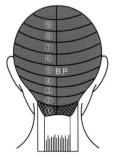 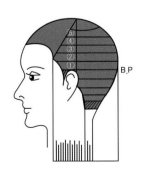

| 4등분 블로킹 |

1) 헤어커트 준비하기

2) 헤어커트 시술하기

① C.P에서 N.P까지 정중선으로 T.P에서 E.P까지 측중선으로 섹셔닝하여 4등분으로 나눈다.

② 네이프의 첫 번째 단은 수평 섹션으로 나눈 다음, 1.5cm 슬라이스 한다. 중앙에서 가이드 라인을 설정한 다음 자연 분배, 자연 시술각 0°로 커트한다.

③ 동일한 방법으로 두 번째 단도 자연 분배, 자연 시술각 0°로 첫 번째 단의 가이드라인에 맞춰 일직선이 되도록 시술한다. 좌·우 길이가 동일한지 확인한다.

④ 수평으로 슬라이스를 1.5cm로 동일하게 떠서 곱게 빗질하여 중심 패널의 좌·우의 길이가
같도록 주의하면서 커트한다.

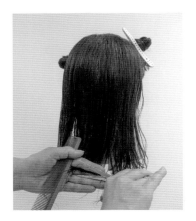 

⑤ 사이드는 E.P의 모발을 가이드에 맞춰 수평으로 커트한다. 첫 번째 단은 수평으로 슬라이
드를 뜬 후, 텐션을 주지 않고 빗질하여 자연스럽게 빗질된 상태에서 커트한다.

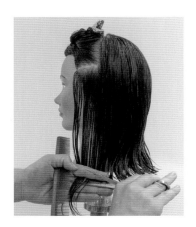 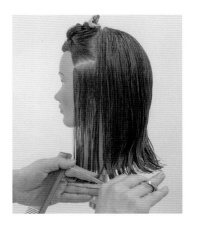

⑥ 두 번째 단도 첫 번째 단과 동일하게 슬라이스를 뜬 후 텐션을 주지 않고 빗질하여 자연스 럽게 빗질 된 상태에서 첫 번째 단의 가이드 라인에 맞춰 고정시켜 시술한다.

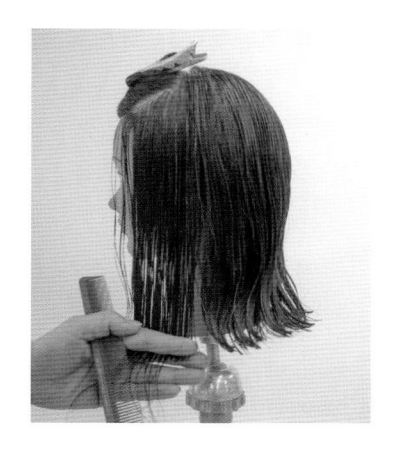
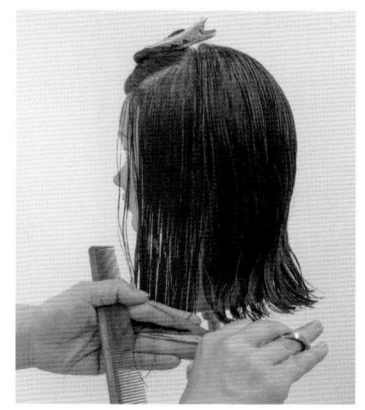

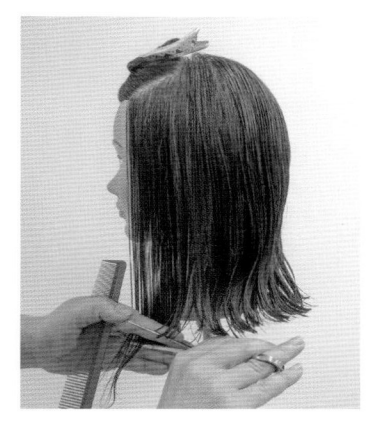
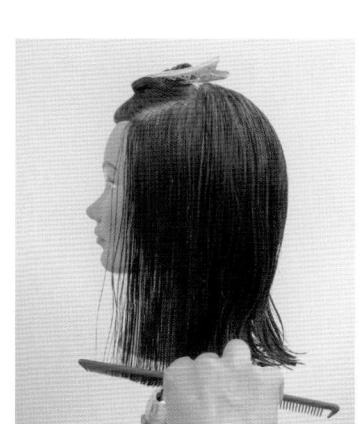

⑦ 다음 단도 동일하게 슬라이스를 한 다음, 손가락이 일직선이 된 상태로 자연 시술각 0°로 시술한다.

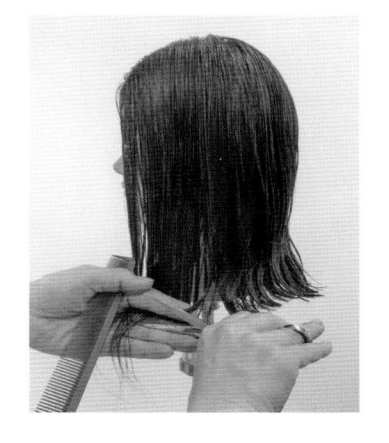
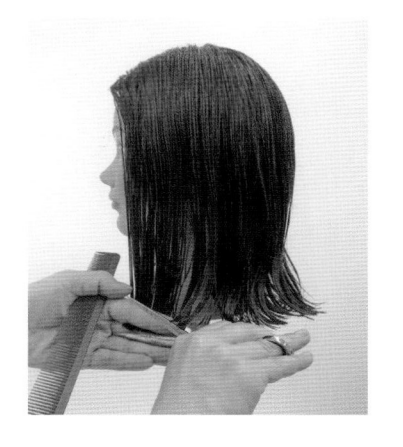

⑧ 반대편 사이드도 동일한 방법으로 시술한다. 매끄럽게 빗질 후 가이드에 맞춰 텐션 없이 자연 시술각 0°로 시술한다. 좌·우의 길이가 동일한지 확인한다.

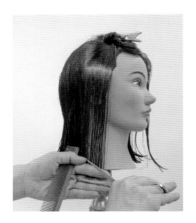 

⑨ 페이스 라인의 곡선을 주위해서 텐션을 주지 않고 매끄럽게 빗질하여 일직선으로 커트한다.

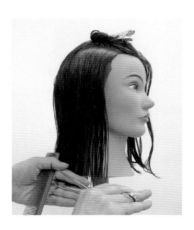 

⑩ 커트가 완성된 상태이다.

3) 스타일링 시술하기

① 모발의 수분을 15% 정도의 상태에서 4등분하여 수평 섹션을 한다. 스타일에 맞는 롤 브러시의 크기을 선택한다. 첫 번째 단과 두 번째 단은 빗의 각도를 들지 않은 상태에서 빗의 롤링만으로 드라이한다.

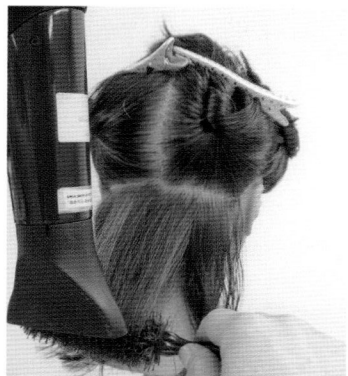

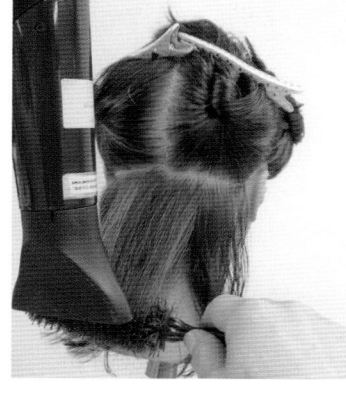

② B.P 부위에서는 45° 각도로 모근에서 모간으로 드라이한다. 모발을 펴주며 내려오다가 모선에서 한 바퀴 반 회전하여 말아 준다.

③ 크레스트 부분은 모근 부위에 볼륨을 주기 위해 빗의 각도를 90°로 드라이하고 모간 쪽으로 갈수록 각도를 낮춰 드라이 후 모발을 롤링하여 자연스럽게 롤을 아웃시킨다.

④ 모근에 볼륨을 주기 위해 90°로 드라이한다. 롤의 회전력으로 텐션을 준 후 잠시 멈춰 볼륨을 만든다. 모근 볼륨을 지나 텐션을 주며 매끄럽게 드라이한다.

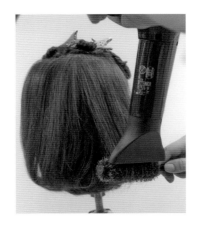

⑤ 모발에 텐션을 주며 매끄럽게 드라이한다.

⑥ 톱 부분은 120°로 드라이한다. 롤의 회전력으로 텐션을 준 후 잠시 멈춰 볼륨을 만든다. 모근 볼륨을 지나 텐션을 주며 매끄럽게 드라이한다. 다음은 뒷부분 완성 상태이다.

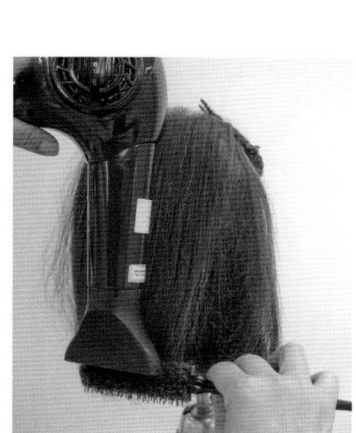 

 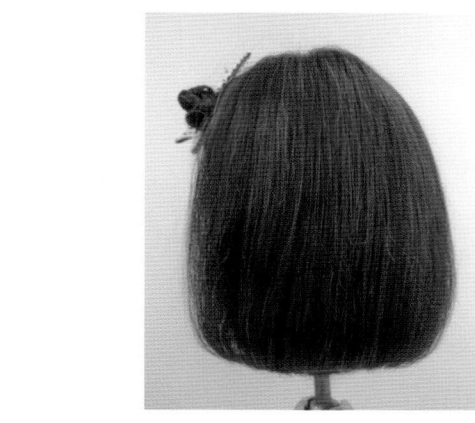

⑦ 사이드는 각도를 낮추어 자연스럽게 드라이한다. 모발에 텐션을 주며 매끄럽게 펴준 후 모선에서 사선이 되도록 자연스럽게 펴준다. 반대쪽도 노즐과 패널이 45°를 유지하면서 각도를 낮추어 드라이한다. 모발에 텐션을 주며 매끄럽게 펴준 후 모선에서 사선이 되도록 하여 자연스럽게 펴준다.

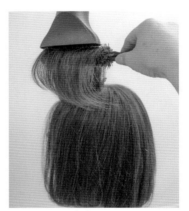

⑧ 드라이가 완성된 상태이다.

4) 응용 헤어스타일

4. 원랭스(One Length) – 컨케이브 라인(스파니엘)

학습 내용	원랭스 컨케이브 라인(스파니엘)
수업 목표	• 원랭스 특징을 분석할 수 있다. • 원랭스 전대각 섹션을 알 수 있다. • 원랭스 헤어커트를 위해 슬라이스를 할 수 있다. • 원랭스 헤어커트를 위해 시술 각도를 조절할 수 있다.

구조 그래픽	섹션

섹셔닝	C.P ~ N.P	E.P ~ to~ E.P
머리 위치	똑바로	똑바로
섹션	전대각	전대각
분배	자연	자연
시술각	자연	자연
손가락 위치	평행	평행
가이드라인	고정	고정
기법	블런트/나칭	블런트/나칭

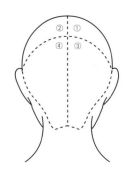
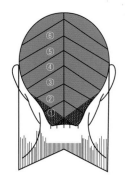
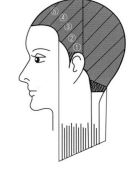

| 4등분 블로킹 |

1) 헤어커트 준비하기

2) 헤어커트 시술하기

① C.P에서 N.P까지 정중선으로 T.P에서 E.P, E.P까지 측중선으로 섹셔닝하여 4등분으로 나눈다.

② 네이프의 첫 번째 단은 전대각 섹션으로 나눈 다음, 1.5cm 슬라이스 한다. 중앙에서 가이드라인을 설정한 다음, 자연 분배, 자연 시술각 0°로 커트한다. 좌·우 길이가 동일한지 확인한다.

③ 동일한 방법으로 전대각 섹션, 자연 분배, 자연 시술각 0°로 첫 번째 가이드라인에 맞춰 컨케이브 형태 선이 되도록 커트한다.

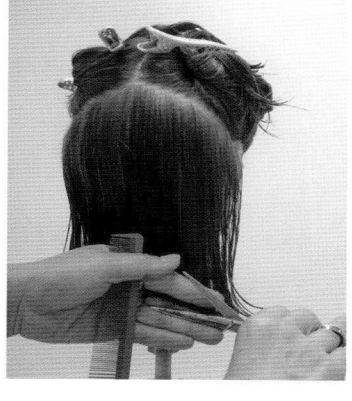

④ 전대각으로 슬라이스를 1.5cm로 동일하게 떠서 곱게 빗질하여 커트한다.

⑤ 다음 단도 전대각으로 동일하게 떠서 곱게 빗질하여 중심 패널의 좌·우의 길이가 같도록
주의하면서 커트한다.

⑥ 사이드는 E.P의 모발을 가이드에 맞춰 전대각 섹션을 하여 텐션을 주지 않고 빗질하여 커
트한다.

⑦ 두 번째 단도 첫 번째 단과 같이 슬라이스를 뜬 후 텐션을 주지 않고 빗질하여 자연스럽게 빗질 된 상태에서 가이드에 맞춰 시술한다. 다음 단도 동일하게 시술한다.

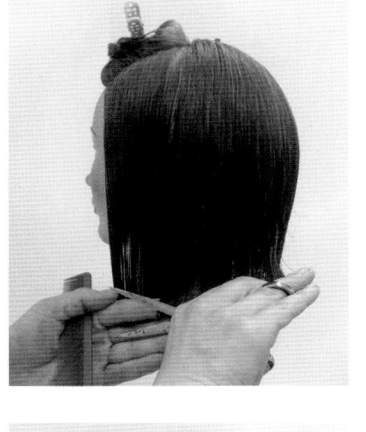
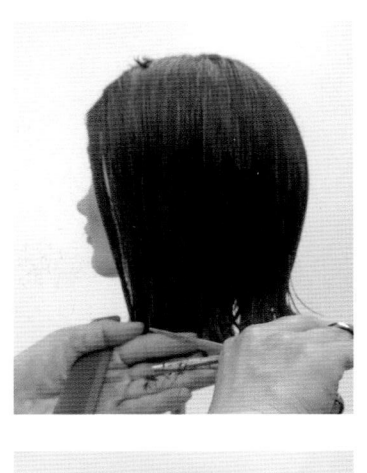

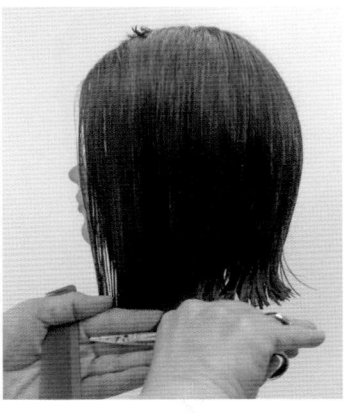

⑧ 반대편도 동일한 방법으로 시술한다. 매끄럽게 빗질 후 가이드에 맞춰 텐션 없이 자연 시술각 0°로 시술한다. 좌·우의 길이가 동일한지 확인한다.

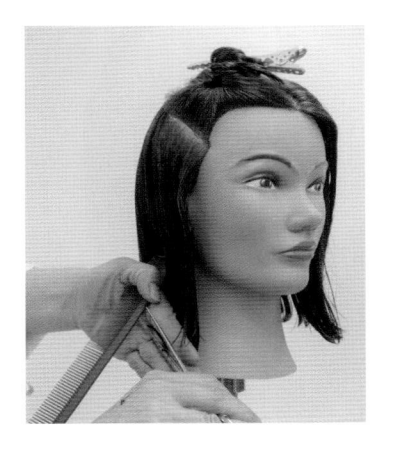

⑨ 페이스 라인의 곡선을 따라 텐션을 주지 않고 매끄럽게 빗질하여 일직선으로 커트한다.

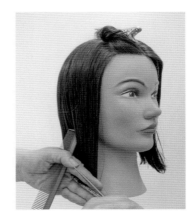
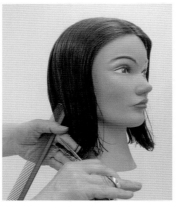
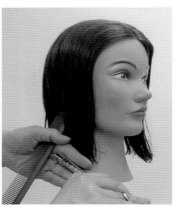

⑩ 커트 완성 상태이다.

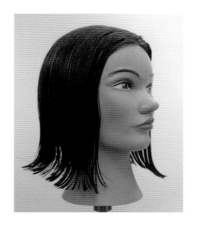

3) 스타일링 시술하기

① 모발의 수분을 15% 정도의 상태에서 4등분하여 전대각 섹션을 한다. 스타일에 맞는 롤 브러시의 크기을 선택한다. 첫 번째 단은 모발의 끝부분이 안으로 말리도록 빗을 안으로 롤링하며 드라이한다.

② 다음 부터는 2cm의 폭으로 전대각하여 각도를 낮추어 모근에서 모간으로 드라이한다.

③ B.P 부위에서는 45°로 롤 브러시를 대고 회전하여 텐션을 주어 매끄럽게 펴준 후, 모발을 펴주며 내려오다가 모선에서 한 바퀴 반 바퀴 말아 준다.

④ 모근에서 롤 브러시를 두피에 밀착시킨 후 뜸을 준 다음, 롤 브러시를 롤링하고 각도를 낮춰 C자의 포물선을 그리면서 드라이한다.

⑤ 크레스트 윗부분은 90°로 드라이하고 모간 쪽으로 갈수록 각도를 낮추어 드라이 후 모발을 롤링하여 자연스럽게 롤을 아웃시킨다.

⑥ 동일한 방법으로 시술한다.

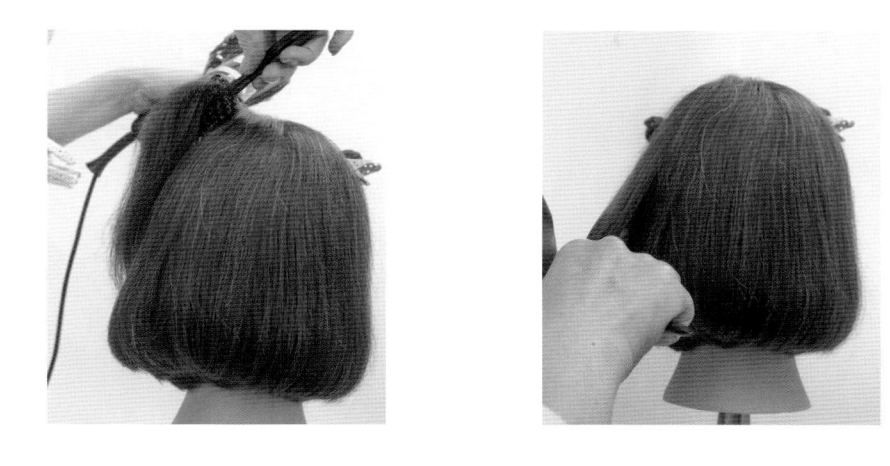

⑦ 사이드도 전대각으로 컨케이브 라인의 형태 선이 확실하도록 롤링하여 드라이한다.

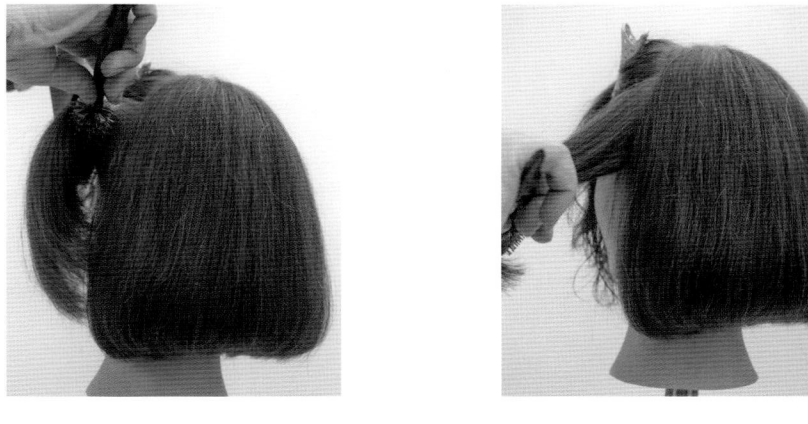

⑧ 모발에 텐션을 주며 각도를 낮추어서 매끄럽게 펴준다. 연속하여 연결시키며 모발이 빠져 나올 때까지 드라이어와 롤 브러시를 유지시켜 균일하게 볼륨이 형성되도록 드라이한다.

⑨ 반대편 사이드도 같은 방법으로 드라이한다.

⑩ 모발에 텐션을 주며 매끄럽게 펴준 후 사이드와 백을 연결하여 한 번 더 드라이한다. 드라이가 완성된 상태이다.

4) 응용헤어스타일

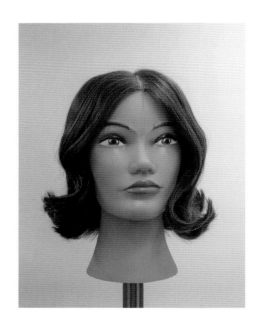

5. 원랭스(One Length) – 컨백스 라인(이사도라)

학습 내용	원랭스 컨백스 라인 (이사도라)
수업 목표	• 원랭스 특징을 분석할 수 있다. • 원랭스 후대각 섹션을 알 수 있다. • 원랭스 헤어커트를 위해 슬라이스를 할 수 있다. • 원랭스 헤어커트를 위해 시술 각도를 조절할 수 있다.

구조 그래픽	섹션
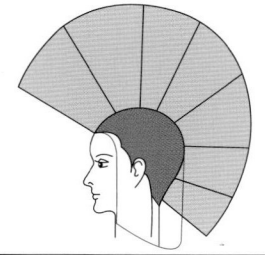	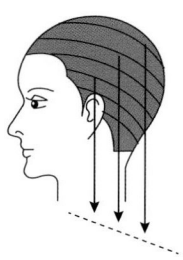

섹셔닝	C.P ~ N.P	E.P ~ to~ E.P
머리 위치	똑바로	똑바로
섹션	후대각	후대각
분배	자연	자연
시술각	자연	자연
손가락 위치	평행	평행
가이드라인	고정	고정
기법	블런트	블런트

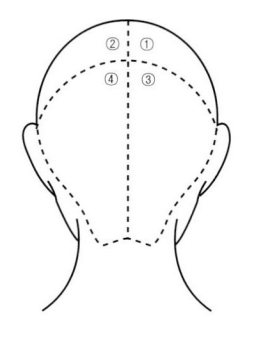
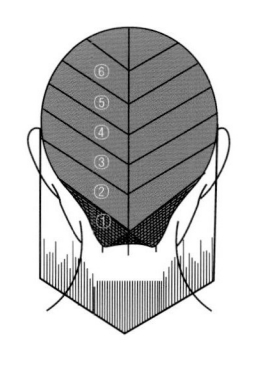
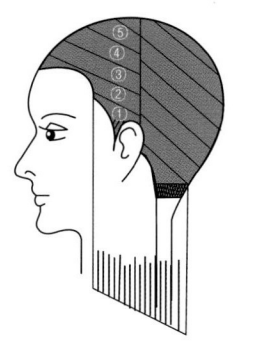

| 4등분 블로킹 |

1) 헤어커트 준비하기

2) 헤어커트 시술하기

① C.P에서 N.P까지 정중선으로 T.P에서 E.P까지 측중선으로 섹셔닝하여 4등분으로 나눈다.

② 네이프는 첫 번째 단을 후대각 섹션으로 나눈 다음, 1.5cm 슬라이스 한다. 중앙에서 가이드 라인을 설정한 다음, 자연 분배, 자연 시술각 0°로 컨백스 라인의 형태 선으로 커트한다.

③ 동일한 방법으로 자연 시술각 0°로 첫 번째 가이드라인에 맞춰 컨백스 형태의 선이 되도록
시술한다. 좌·우의 길이가 같도록 주의하면서 커트한다.

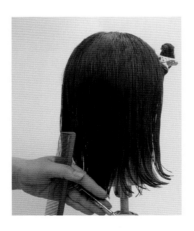
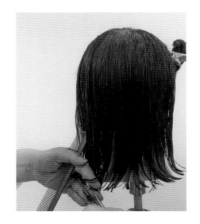

④ 사이드는 E.P의 모발을 가이드에 맞춰 후대각 섹션을 하여 텐션을 주지 않고 빗질하여 커트한다.

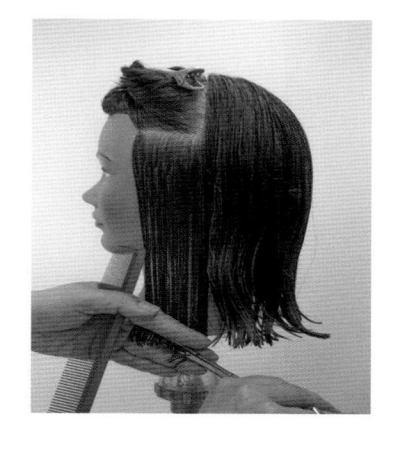 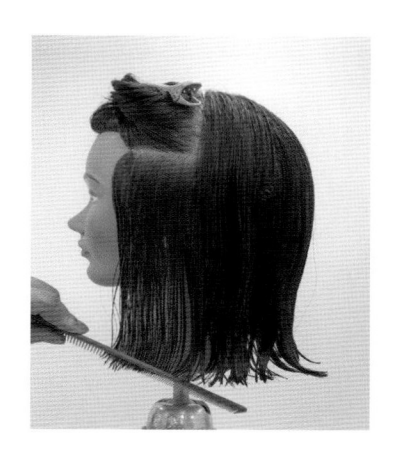

⑤ 다음 단도 첫 번째 단과 같이 슬라이스를 뜬 후 텐션을 주지 않고 빗질하여 자연스럽게 빗질 된 상태에서 첫 번째 가이드 라인에 맞춰 시술한다.

 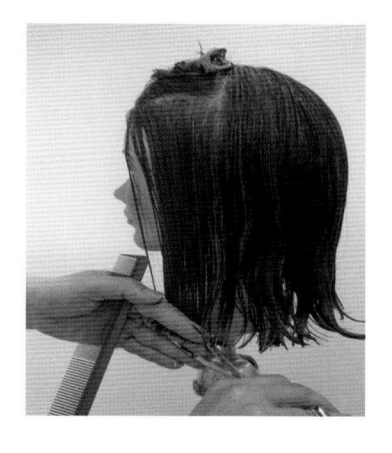

⑥ 다음 단도 동일하게 슬라이스를 한 다음, 가이드에 맞춰 자연 시술각 0°로 시술한다. 이때 손가락이 일직선이 되어야 한다.

 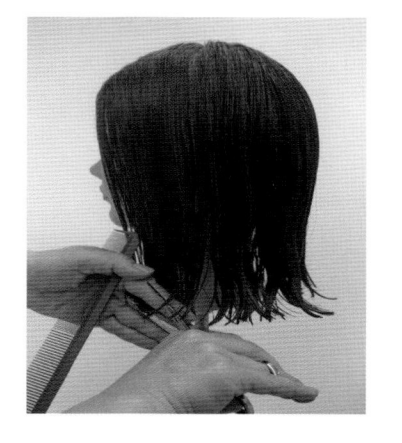

⑦ 반대편도 동일하게 시술한다. 매끄럽게 빗질 후 가이드에 맞춰 텐션 없이 자연 시술각 0°
　로 시술한다. 좌·우의 길이가 동일한지 확인한다.

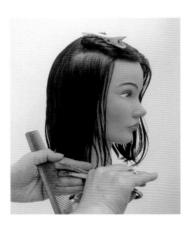 

⑧ 페이스 라인의 곡선을 주위해서 텐션을 주지 않고 매끄럽게 빗질하여 일직선으로 커트한다.

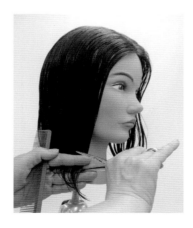 

3) 스타일링 시술하기

① 수분 15% 정도에서 4등분으로 섹셔닝 한다. 첫 번째 단은 후대각하여 네이프에서부터 자연스럽게 롤링하여 인컬 드라이를 시술한다.

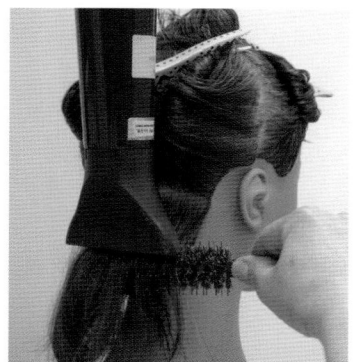

② 두 번째 단부터는 2cm의 폭으로 후대각 느낌을 잃지 않도록 동일하게 드라이한다.

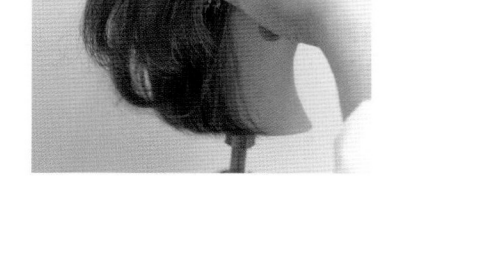

③ 백 부위는 45°로 드라이하여 뿌리에 볼륨을 준다. 모간 쪽으로 갈수록 각도를 낮추어 드라이 후 모발을 롤링하여 자연스럽게 롤을 아웃시킨다.

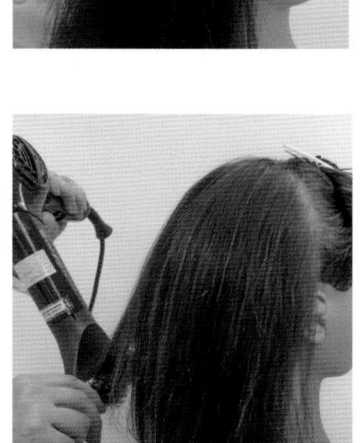

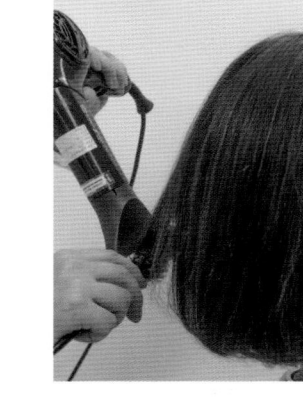

④ 크레스트 부위는 120°로 드라이하여 뿌리에 볼륨을 준다. 모간 쪽으로 갈수록 각도를 낮추어 드라이 후 모발을 롤링하여 자연스럽게 롤을 아웃시킨다. 사이드도 후대각하여 컨백스라인의 형태 선이 확실하도록 롤링하여 드라이한다.

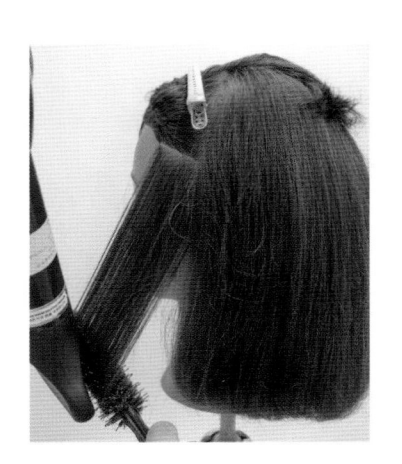

⑤ 2cm의 폭으로 섹셔닝하여 뿌리에서부터 균일하게 볼륨이 형성되도록 손놀림의 테크닉을 리드미컬하게 롤링하여 드라이한다.

⑥ 반대편 사이드도 동일한 방법으로 드라이한다.

⑦ 모발에 텐션을 주며 매끄럽게 펴준 후 사이드와 백을 연결하여 한 번 더 드라이한다.

⑧ 전체적으로 정리하는 과정으로 윤기 있는 머릿결로 마무리한다.

⑨ 드라이가 완성된 상태이다.

4) 응용 헤어스타일

그래쥬에이션 커트(Graduation Cut)의 개요

톱 머리보다 네이프 머리가 짧은 모양이 되도록 모발의 길이에 미세한 층을 주는 커트이다. 헤어커트 각도에 따라 길이가 조절되면서 형태가 만들어지는 스타일로 모발을 두피로부터 15~45° 들어서 머리카락을 자를 경우 입체적인 헤어스타일 연출에 매우 효과적이다.

구조(Structure)	엑스테리어 → 인테리어로 모발의 길이 증가
모양(Shape)	삼각형
질감(Texture)	혼합형(무게 선, 무게 지역, 능선이 생김)
가이드라인(Guide Line)	크레스트를 중심으로 엑스테리어는 이동 인테리어는 고정
머리 위치(Head Position)	똑바로/앞 숙임
섹션(Section)	수평, 전대각, 후대각 이용
분배(Distribution)	자연 분배, 직각 분배, 변이 분배
시술각(Angle)	표준 시술각: 45° 시술각 변화에 따라 무게의 위치가 달라진다. • 로우 그래쥬에이션: 1~30° • 미디엄 그래쥬에이션: 31~60° • 하이 그래쥬에이션: 61~89°
손가락 위치(Finger Position)	디자인 라인과 평행

1. 그래쥬에이션 커트의 종류

	로우 그래쥬에이션 (Low Graduation)	미디엄 그래쥬에이션 (Medium Graduation)	하이 그래쥬에이션 (High Graduation)
특징	• 시술 각도 1~30° • 무게 선에 의한 볼륨이 낮은 위치에 생성	• 시술 각도 31~60° • 무게 선에 의한 볼륨이 중간이거나 중간보다 약간 낮은 위치에 생성	• 시술 각도 61~89° • 무게 선의 볼륨이 높은 위치에 생성
도해도			
구조			
완성			

2. 그래쥬에이션 커트의 절차

1) 모양

① 전체 디자인이나 특정 부분에서 톱 쪽으로 머리가 점점 길어진다.

② 머리끝은 층이 쌓인 것처럼 보인다.

③ 기본적으로 삼각형 모양을 갖추고 있으며, 웨이브나 컬진 머리는 넓이가 더 강조된다.

2) 구조

① 엑스테이어의 짧은 길이가 인테리어의 긴 길이로 진행한다.

② 시술각 상태에서는 모발 끝이 서로 촘촘히 쌓여 하나의 각을 이룬다.

3) 무게

① 무게 선은 가장 긴 길이가 떨어지는 곳이다.

② 무게 지역은 모양의 가장 넓은 코너 부분에 생긴다.

③ 능선은 매끈한 질감과 매끈하지 않은 질감이 만나는 곳에 위치한다.

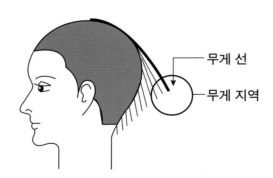

4) 머리 질감

인테리어는 부드럽고 매끈한 머릿결로 언엑티베이트, 엑스테리어는 거친 머릿결로 엑티베이트로 혼합형 질감이다.

5) 그래쥬에이션의 3가지 모양

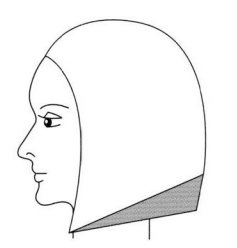
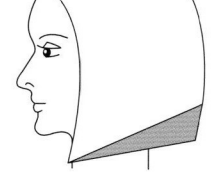
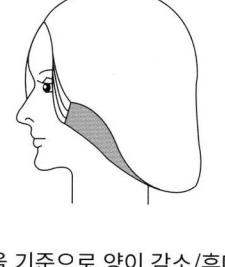

| 능선이 디자인 라인이 평행 |
(평행 그래쥬에이션)

| 얼굴을 기준으로 양이 증가/ 전대각 |
(증가 그래쥬에이션)

| 얼굴을 기준으로 양이 감소/후대각 |
(감소 그래쥬에이션)

6) 디자인 라인

① 수평 또는 대각의 디자인 라인으로 커트를 시술한다.

② 디자인 라인은 고정, 이동 또는 이 두 가지 혼합형을 사용할 수 있다.

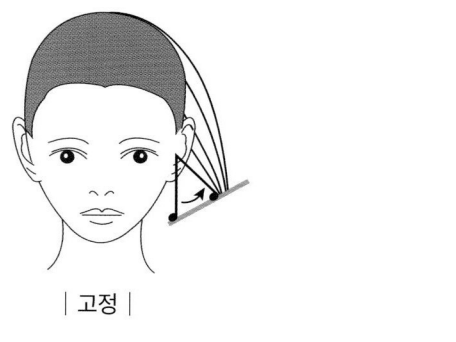
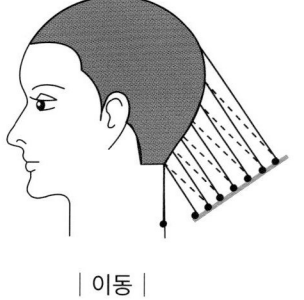

| 고정 |

| 이동 |

7) 섹션 나누기 / 섹션

① 일반적으로 디자인 라인이나 시술각이 바뀌는 부분에서 섹션을 나눈다.

② 그래쥬에이션 형을 만드는데 사용되는 섹션은 의도한 형태 선과 평행이다.

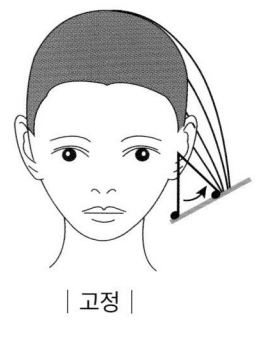

8) 분배

그래쥬에이션형은 자연 분배, 직각 분배, 변이 분배 사용한다.

9) 시술각

① 표준 시술각(45°)은 그래쥬에이션을 만들 때 가장 많이 사용된다.

② 낮은 시술각(Low Projection): 1~30°

③ 중간 시술각(Medium Projection): 31~60°

④ 높은 시술각(High Projection): 61~89°

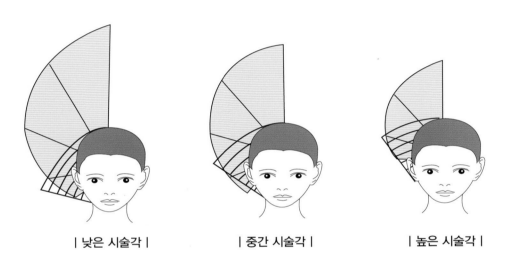

| 낮은 시술각 | | 중간 시술각 | | 높은 시술각 |

10) 손가락 / 가위 위치

대부분 커트에서 손가락의 위치는 베이스 섹션과 평행이다.

3. 로우 그래쥬에이션 (Low Graduation)- 컨케이브 라인

학습 내용	그래쥬에이션 컨케이브 라인(로우 그래쥬에이션)
수업 목표	• 그래쥬에이션 특징을 분석할 수 있다. • 그래쥬에이션 전대각 섹션을 알 수 있다. • 그래쥬에이션 헤어커트를 위해 슬라이스를 할 수 있다. • 로우 그래쥬에이션 헤어커트를 위해 시술 각도(낮은 각도)를 할 수 있다.

구조 그래픽	섹션
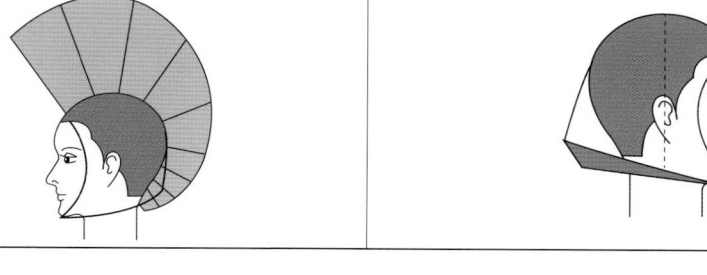	

섹셔닝	C.P ~ N.P	E.P ~ to~ E.P
머리 위치	앞 숙임	앞 숙임
섹션	전대각	전대각
분배	직각	직각
시술각	낮은	-
손가락 위치	평행	평행
가이드라인	이동/ 고정	고정
기법	블런트/에칭	블런트/에칭

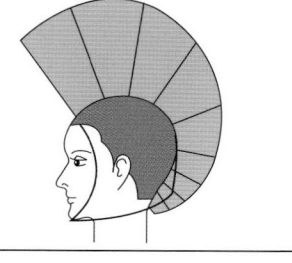

(5등분 블로킹 시술 방법)

중심으로 양쪽 2.5~3cm씩 정하여 분류한 뒤 뒤로 5~6cm 위치에서 좌·우 부분에 섹션하여 모발을 빗질하여 핀셋으로 고정한다. E.P-to-E.P 섹션을 한 다음, T.P를 중심으로 네이프 중앙선에 맞추어 섹션하여 블로킹한다.

1) 헤어커트 준비하기

2) 헤어커트 시술하기

① C.P를 중심으로 양쪽 2.5~3cm씩 정하여 분류하고 뒤로 5~6cm 위치에서 좌·우 부분으로 빗질하여 핀셋으로 고정한다. T.P에서 E.P to E.P 섹션한 다음, T.P를 중심으로 N.P까지 정중선으로 섹셔닝하여 5등분으로 나눈다.

② 앞 숙임 상태로 첫 번째 단의 슬라이스는 중심부를 2cm 폭으로 잡아 가이드라인을 설정하여 전대각 섹션으로 패널을 잡아 0°로 커트한다.

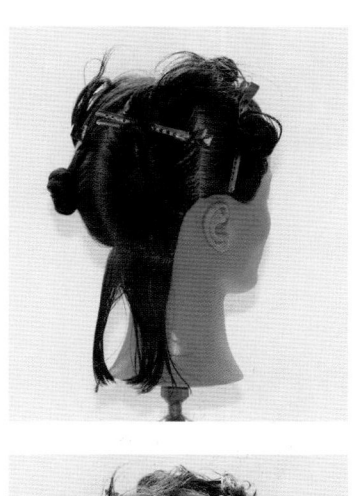

③ 두 번째 단은 슬라이스를 1.5~2cm의 폭을 설정한다. 중심 패널의 2cm를 다운 오프 더 베이스로 20°를 들어 커트한다.

④ 낮은 시술각, 직각 분배, 가이드를 이동하며 블런트 커트한다.

⑤ 양쪽 사이드 모발을 1cm를 가운데 중심으로 모아 길이를 확인한다. 두 번째 단 완성 상태 이다.

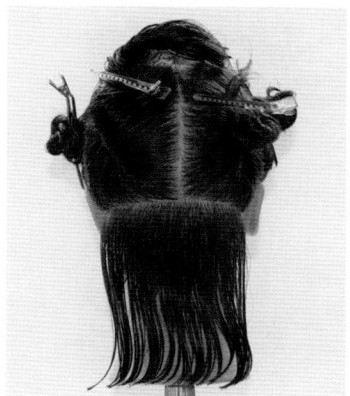

⑥ 세 번째 단의 슬라이스도 동일하게 시술하고 다운 오프 더 베이스에 20°로 직각 분배하여 커트를 시술한다.

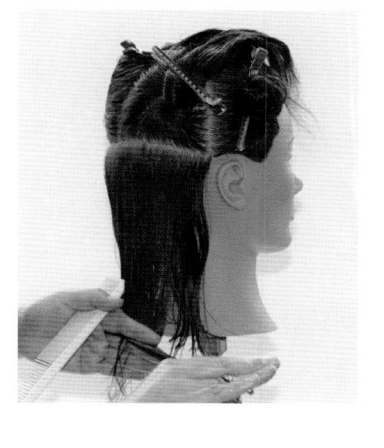
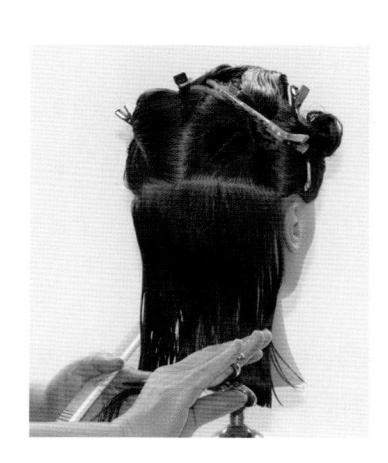

⑦ 크레스트 부분은 무게감을 많이 주기 위해 고정 디자인 라인으로 우측과 좌측의 길이를 수시로 확인하며 커트한다.

⑧ 뒷부분 완성 상태이다.

⑨ 사이드를 커트하기 전 E.P에 커트 되었던 길이 가이드를 1cm 가져와 첫 번째 슬라이스를
  같이 전대각 섹션으로 잡아 0°로 뒷머리와 연결한다.

⑩ 두 번째 단은 전대각으로 잡아 다운 오프 더 베이스에 20°로 들어 블런트 커트한다.

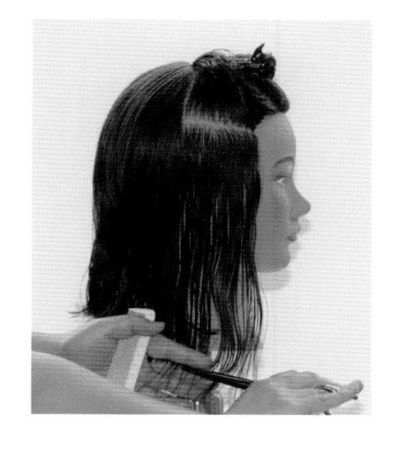 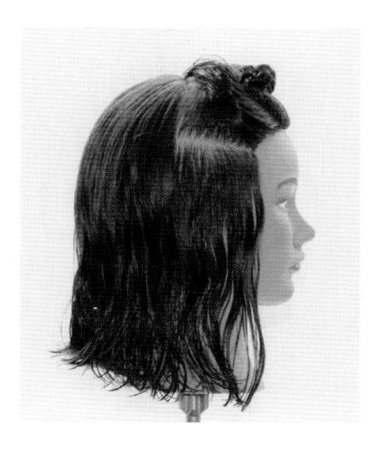

⑪ 세 번째 단도 이동 가이드, 직각 분배로 뒷머리와 자연스럽게 연결하여 커트한다.

 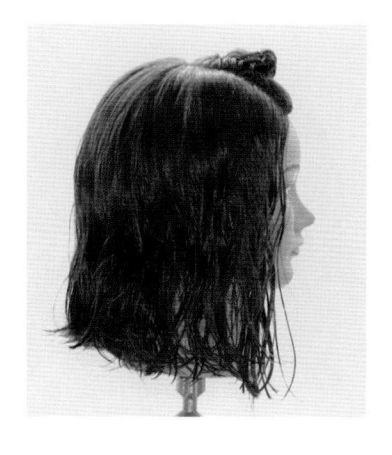

⑫ 반대편 사이드도 커트하기 전 E.P에 커트 되었던 가이드를 1cm 가져 온 후 슬라이스 하여
자연스럽게 빗어 내린 상태에서 전대각 섹션으로 0°로 커트하고 우측에 커트 된 길이 가이
드와 대칭이 되도록 모발의 길이를 확인한다.

 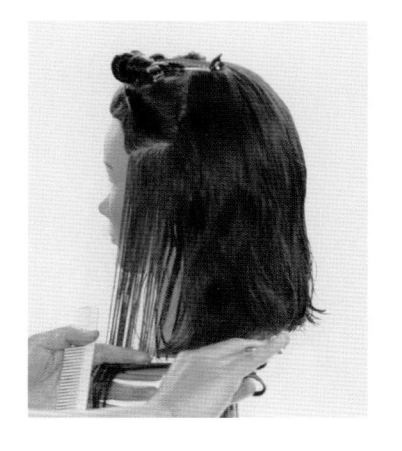

⑬ 두 번째 단도 같은 방법으로 시술한다.

⑭ 세 번째 단도 같은 방법으로 시술 하고 양쪽 1cm씩 가운데로 모아 잡아 길이를 확인한다.

⑮ 앞머리는 3cm 정도의 슬라이스를 뜬 후 얼굴 쪽으로 빗질하여 양쪽 사이드의 모발 길이
   에 자연스럽게 연결하고 0°로 커트한 후, C.P를 중심으로 정중선으로 나눈 다음, 각각의
   위치에서 모발을 정돈해 가며 커트한다.

3) 스타일링 시술하기

① 4등분하여 첫 번째 단과 두 번째 단은 5~6cm씩 섹션을 나눈 후 브러시로 롤링하여 모발의 끝부분이 안으로 말리도록 빗을 안으로 롤링한다.

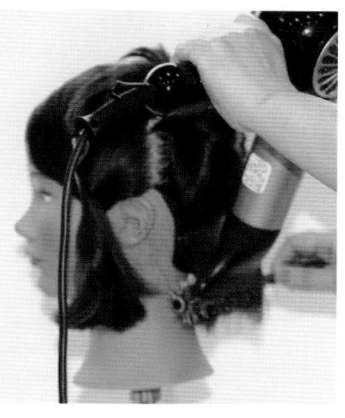
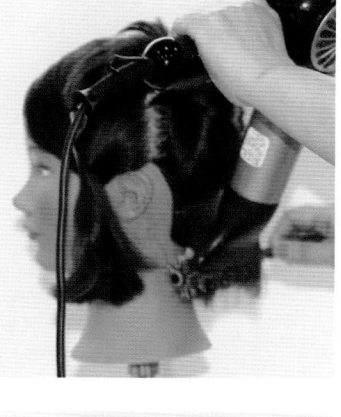

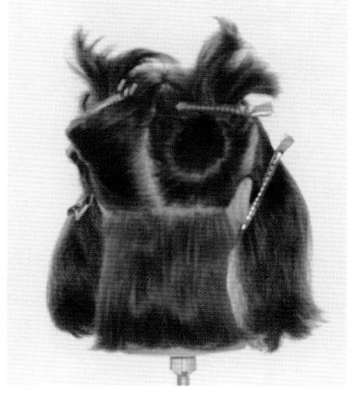
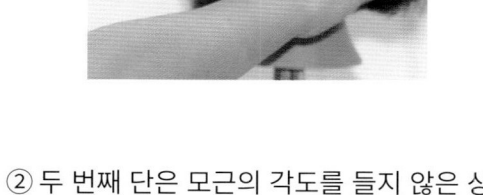
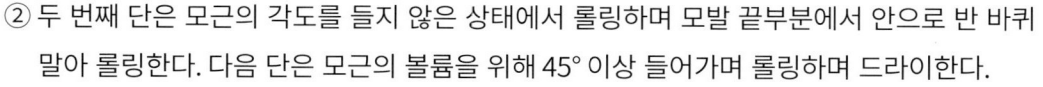

② 두 번째 단은 모근의 각도를 들지 않은 상태에서 롤링하며 모발 끝부분에서 안으로 반 바퀴 말아 롤링한다. 다음 단은 모근의 볼륨을 위해 45° 이상 들어가며 롤링하며 드라이한다.

③ 크레스트 부위는 볼륨을 주기 위해 모근을 90°로 들어 열을 가해 주고 롤링하며 내려와 반 바퀴 말아 준다.

④ 사이드 첫 번째 단은 각도를 들지 않고 안으로 롤링하고 두 번째 단은 20°를 들어 롤링하며 열을 가해준다.

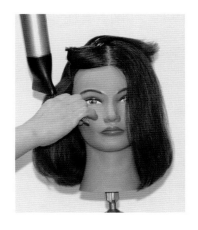
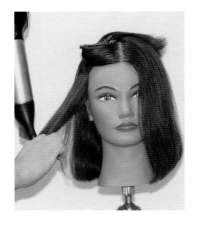

⑤ 세 번째 단은 적당한 볼륨을 위해 45°들어 롤링하며 드라이한다.

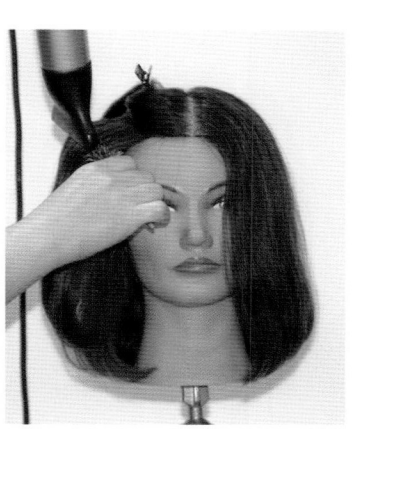 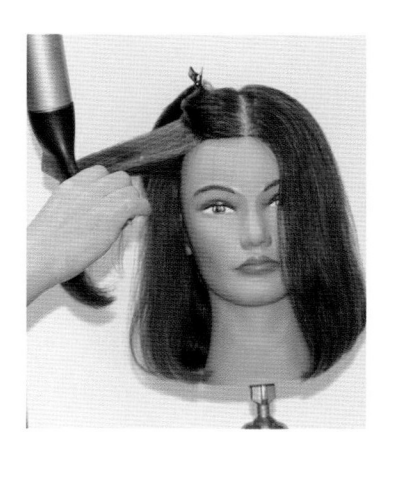

⑥ 톱 부위는 90° 이상 들어 빗을 모근 부위에 바짝 넣은 후 열을 가했다 식혔다 2번 반복한 후 롤링하며 내려와 한 바퀴 말아 뜸을 들인 후 빗을 뺀다. 반대편 사이드도 동일한 방법으로 시술한다.

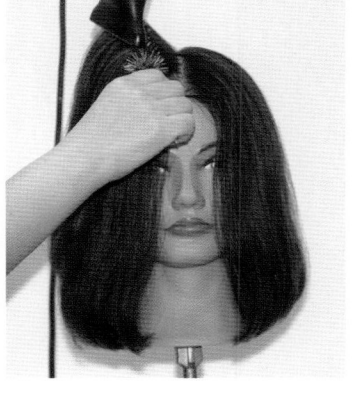 

⑦ 드라이가 완성된 상태이다.

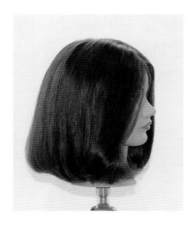

4) 응용 헤어스타일

4. 미디엄 그래쥬에이션(Medium Graduation) – 컨케이브 라인

학습 내용	그래쥬에이션 컨케이브 라인 (미디엄 그래쥬에이션)
수업 목표	• 그래쥬에이션 특징을 분석할 수 있다. • 그래쥬에이션 전대각 섹션을 알 수 있다. • 그래쥬에이션 헤어커트를 위해 슬라이스를 할 수 있다. • 미디엄 그래쥬에이션 헤어커트를 위해 시술 각도(중간 각도)를 할 수 있다.

구조 그래픽	섹션

섹셔닝	C.P ~ N.P	E.P ~ to~ E.P
머리 위치	앞 숙임	앞 숙임
섹션	전대각	전대각
분배	직각	직각
시술각	중간	-
손가락 위치	평행	평행
가이드라인	이동/고정	고정
기법	블런트	블런트

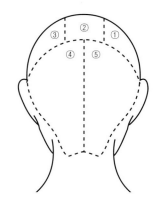

| 5등분 블로킹 |

1) 헤어커트 준비하기

 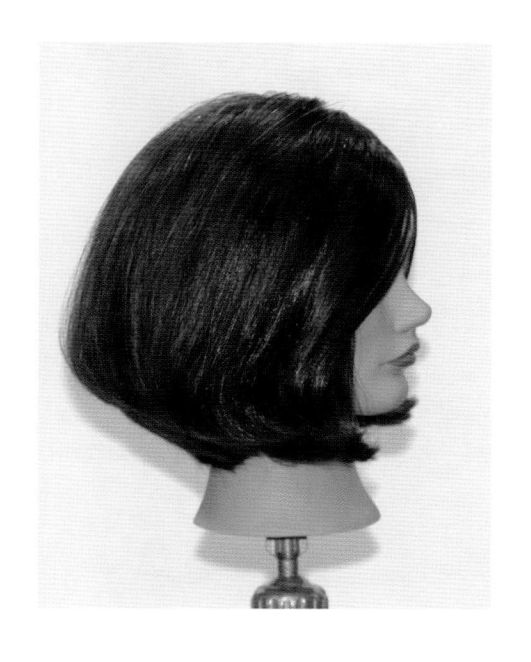

2) 헤어커트 시술하기

① T.P에서 E.P to E.P 섹션으로 측중선하고 T.P를 중심으로 N.P까지 정중선으로 섹셔닝하여 5등분으로 나눈다.

② 첫 번째 단은 전대각 섹션으로 나눈 후 중앙을 1cm 폭으로 잡아 가이드라인을 설정한 다음 0°로 커트한다.

③ 두 번째 단은 첫 번째 단과 함께 다운 오프 더 베이스로 45° 시술각으로 패널을 들어 올려 중심부를 기준으로 커트를 시술한다.

④ 45°를 정확히 유지하며 직각 분배, 이동 가이드로 커트한다. 커트가 끝나면 양쪽 끝 모발 1cm씩 잡아 중심으로 모아 길이를 확인한다.

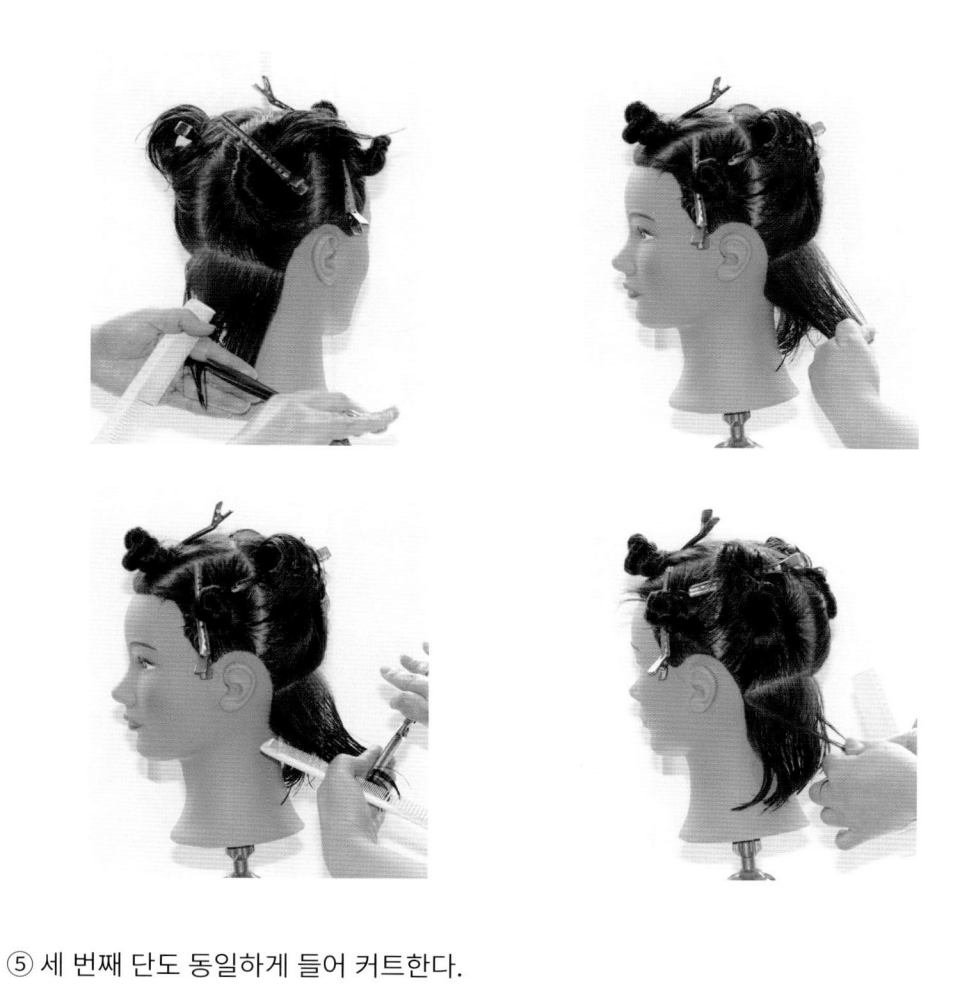

⑤ 세 번째 단도 동일하게 들어 커트한다.

⑥ 우측부터 좌측으로 45°를 유지하며 직각 분배하고 패널의 위치를 평행하게 하여 커트한다.

⑦ 커트가 끝나면 버티컬 섹션으로 들어 올려 각도가 정확한지 확인한다.

⑧ 우측부터 좌측으로 각도를 정확히 지키며 커트한다.

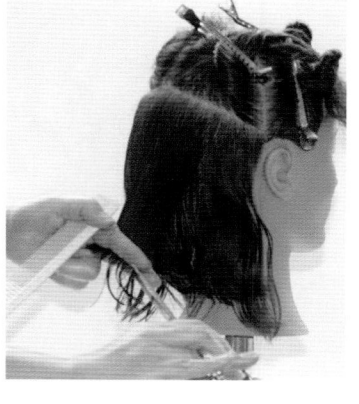
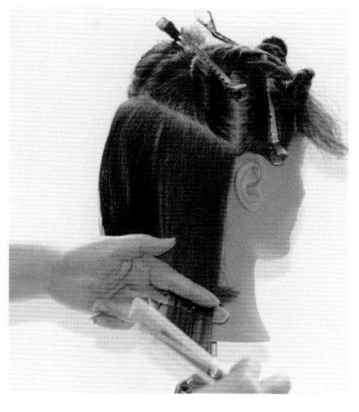

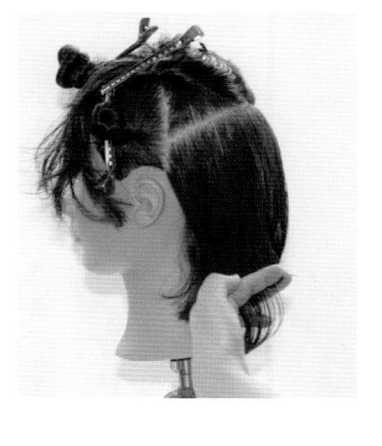
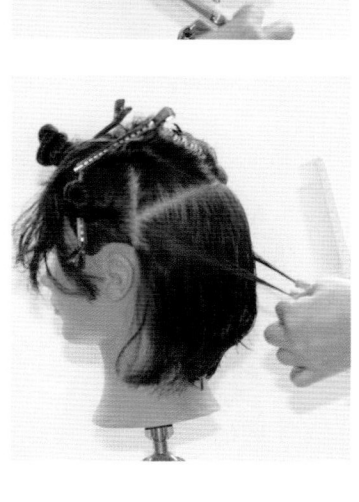

⑨ 크레스트 부분은 무게감을 주기 위해 고정 디자인 라인으로 중앙에서부터 옆으로 이동하며 시술하고 양쪽 길이가 동일한지 확인한다.

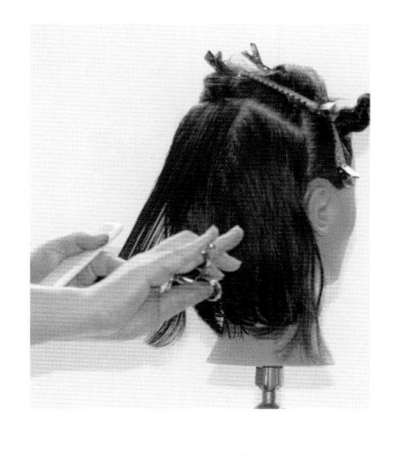

⑩ 나머지 단도 동일하게 시술한 다음, 모발을 모류 방향으로 고르게 빗은 후 아랫선의 길이 에 맞춰 정돈한다.

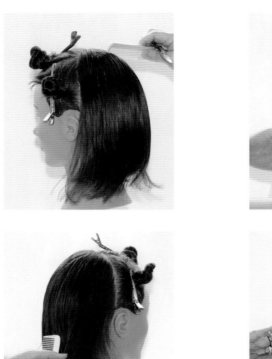

⑪ 사이드 첫 번째 단은 전대각 섹션으로 한 다음, E.P에 커트 되었던 길이 가이드를 1cm 가 져와 패널을 평행하게 잡은 후 0°로 뒷머리와 자연스럽게 연결하며 커트한다.

⑫ 두 번째 단은 첫 번째 단과 동일하게 이동 가이드로 첫 번째 단에 맞추어서 다운 오프 더 베이스로 45° 블런트 커트한다.

⑬ 세 번째 단은 뒷머리와 자연스럽게 연결한다.

⑭ 반대편 사이드도 동일하게 시술한다. 첫 번째 단은 전대각 섹션, 이동 가이드로 패널을 평행하게 잡은 후 0°로 커트한다.

⑮ 나머지 단도 이동 가이드로 동일하게 시술한다. 앞머리 부분은 앞머리 모발에서 3cm 정도 슬라이스를 뜬 후 얼굴 쪽으로 빗질하여 양쪽 사이드 머리 길이에 연결하여 0°로 커트한다. 나머지 모발은 C.P를 중심으로 정중선으로 나뉜 다음, 정돈하여 커트한다.

3) 스타일링 시술하기

① 첫 번째 단은 각도를 들지 않은 상태에서 빗의 롤링만으로 드라이한다.

② 두 번째 단은 낮은 각도를 들어 빗의 롤링만으로 드라이한다.

 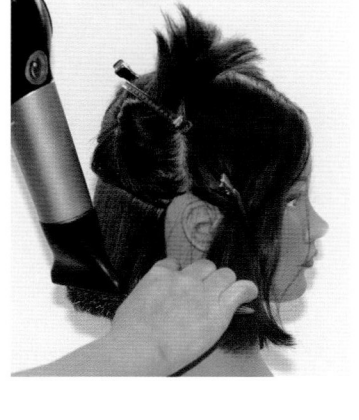

③ 크레스트 부위는 각도를 60°들어 올려 끝까지 롤링한다.

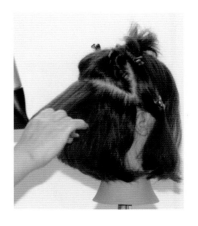 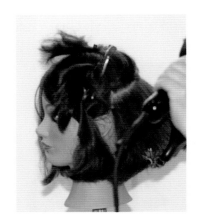

④ 톱 부위는 90°도 이상 들어 올려 롤을 모근 부위에 바짝 댄다.

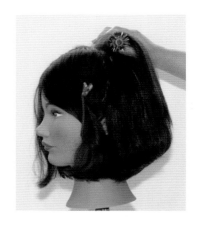 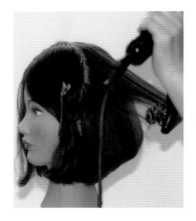

⑤ 사이드 첫 번째 단은 각도를 들지 않고 드라이한다.

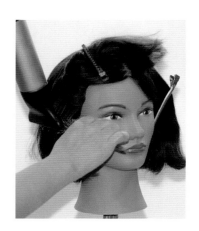 

⑥ 두 번째 단은 낮은 각도를 유지하며 드라이한다.

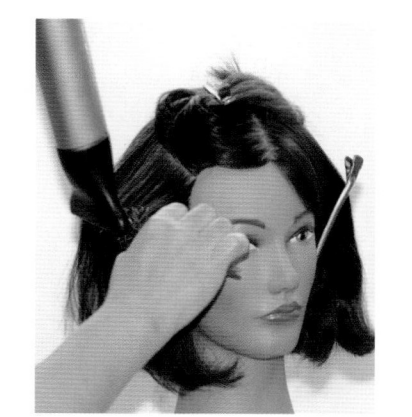

⑦ 세 번째 단은 45° 각도를 유지하며 드라이한다. 나머지 부분은 90° 이상 들어 열을 가했다 식혔다 2번 반복하여 모근의 볼륨을 준 후 끝까지 롤링하여 마무리한다.

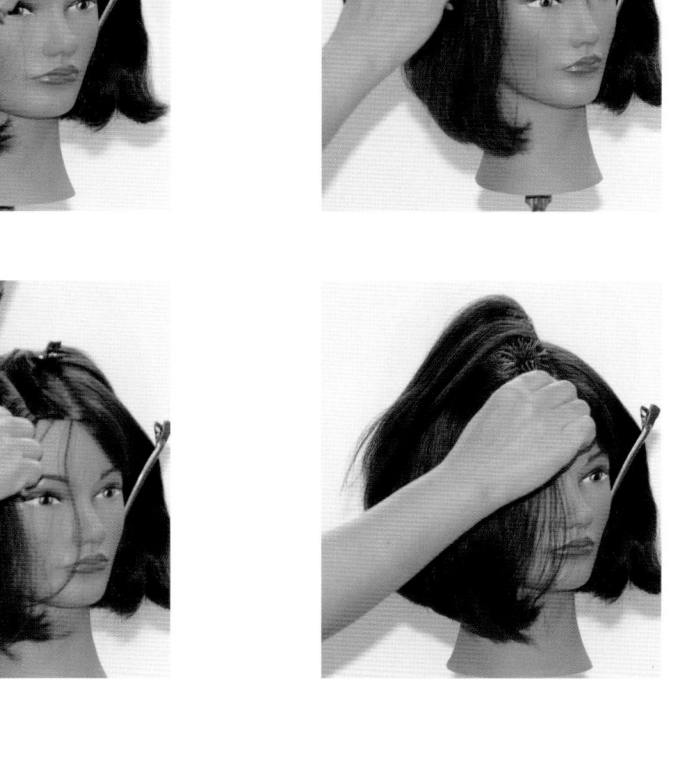

⑧ 반대편 사이드도 동일하게 시술한다.

⑨ 드라이가 완성된 상태이다.

4) 응용 헤어스타일

5. 하이 그래쥬에이션(High Graduation) – 컨케이브 라인

학습 내용	그래쥬에이션 컨케이브 라인(하이 그래쥬에이션)
수업 목표	• 그래쥬에이션 특징을 분석할 수 있다. • 그래쥬에이션 전대각 섹션을 알 수 있다. • 그래쥬에이션 헤어커트를 위해 슬라이스를 할 수 있다. • 하이 그래쥬에이션 헤어커트를 위해 시술 각도(높은 각도)를 할 수 있다.

구조 그래픽	섹션
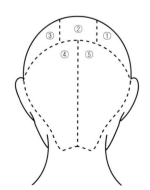	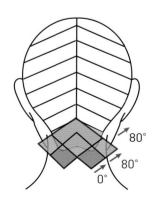

섹셔닝	C.P ~ N.P	E.P ~ to~ E.P
머리 위치	앞 숙임	앞 숙임
섹션	전대각	전대각
분배	직각	직각
시술각	높은	-
손가락 위치	평행	평행
가이드라인	이동/고정	고정
기법	블런트	블런트

| 5등분 블로킹 |

1) 헤어카트 완파하기

2) 헤어커트 시술하기

① 첫 번째 단은 높은 시술각, 전대각 섹션으로 1.5~2cm 뜬 다음, 0°로 섹션과 패널 빗의 각도가 평행이 되게 커트한다.

② 좌측도 동일 방법으로 시술한다.

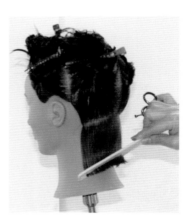

③ 두 번째 단은 첫 번째 단과 동일 섹션을 나눈 후 중앙 2cm를 다운 오프 더 베이스에 80°로 빗질하여 커트한다.

④ 우측으로 이동하며 직각 분배, 이동 가이드로 시술한다.

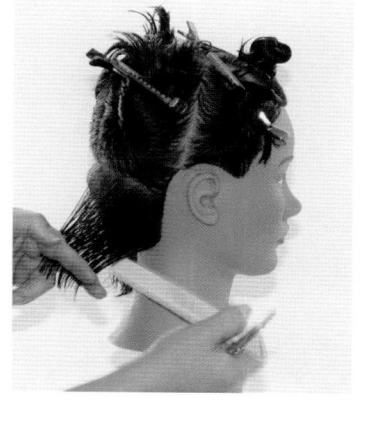 

⑤ 좌측도 동일하게 시술한다.

⑥ 세 번째 단은 전대각으로 슬라이스를 나눈 후 다운 오프 더 베이스에 80°로 들어 각도를 맞춘다.

7. 그래쥬에이션 커트(Graduation Cut)의 개요

⑦ 각도를 정확히 하여 중앙을 먼저 커트하고 직각 분배로 빗질하여 이동 가이드로 커트한다.

⑧ 좌측도 우측과 동일하게 시술한다. 커트가 완성된 상태이다.

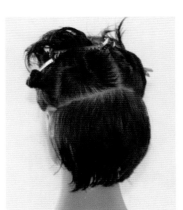 

⑨ B.P 위부터는 전대각 섹션으로 나눈 후 모발의 무게감을 형성하기 위해 주위하며 중앙에서부터 커트한다.

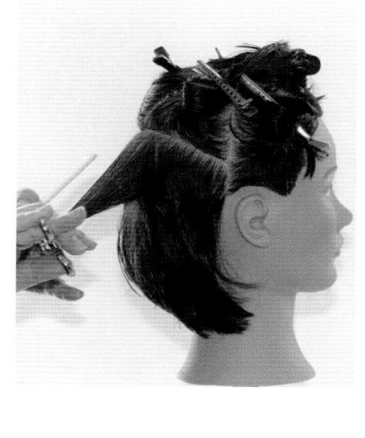

⑩ 우측과 좌측을 직각 분배하여 이동 가이드로 커트한다.

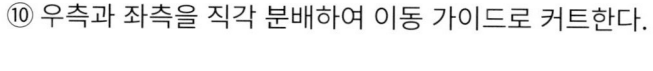

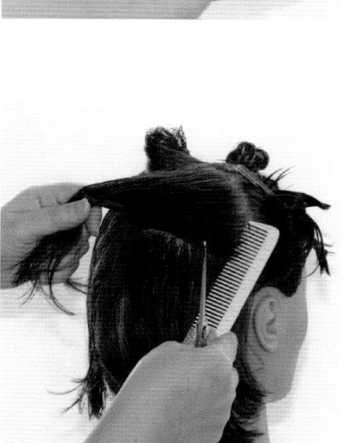

⑪ 크레스트 부분에서는 무게감을 주기 위해 고정 디자인 라인으로 우측과 좌측의 길이를 수시로 확인하며 커트한다.

⑫ 우측과 좌측의 길이가 동일하지 확인하며 시술한다.

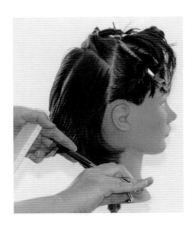
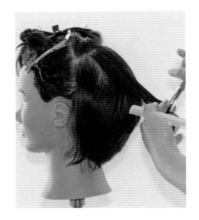

⑬ 모류 방향으로 빗질한 후 아랫선의 길이에 맞추어 다운 오프 더 베이스 커트한다.

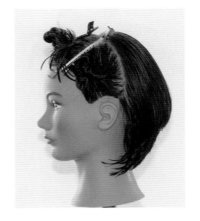

⑭ 사이드는 첫 번째 단은 슬라이스를 정확히 가르기 위해 좌측으로 모두 모아 빗질을 한 다음 뒷머리와 자연스럽게 연결한다.

⑮ 이어 투 이어에 커트 되었던 길이 가이드를 1cm 가져와 슬라이스와 평행하게 블런트 커트한다.

⑯ 두 번째와 세 번째 단은 첫 번째 단과 동일하게 슬라이스 한 후 커트한다.

 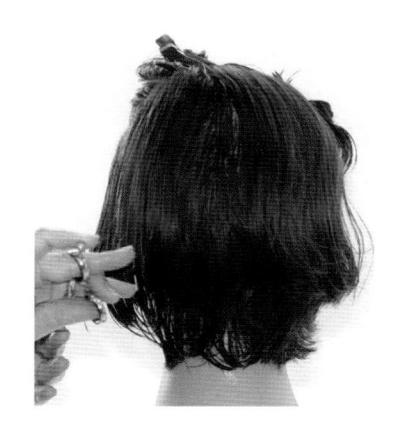

⑰ 반대편 사이드도 이어 투 이어에 커트 되었던 길이 가이드를 1cm 가져와 슬라이스와 평
행하게 블런트 커트한다.

⑱ 슬라이스를 정확히 가르기 위해 좌측으로 모두 모아 빗질을 한 다음 옆머리와 자연스럽게
　연결한다.

⑲ 세 번째 단도 동일하게 슬라이스를 뜬 후 다운 오프 더 베이스로 각도를 유지하며 뒷머리
　와 자연스럽게 연결한다.

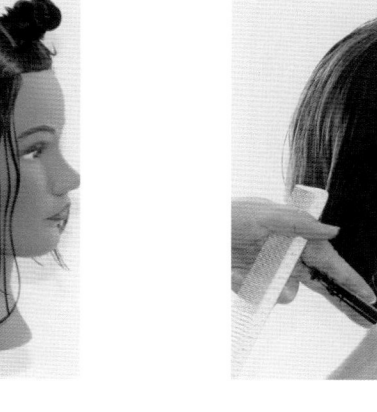 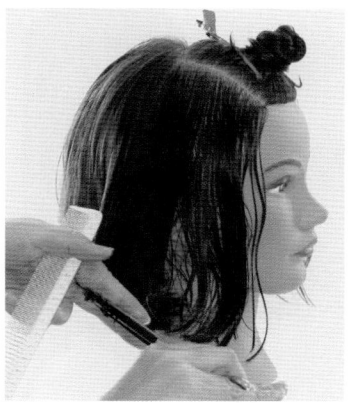

⑳ 프론트 첫 번째 단은 앞머리 모발에서 3cm 정도의 슬라이스를 뜬 후 양쪽 사이 모발을 1cm씩 가져와 가운데로 모은 후 자연스럽게 연결하여 커트하고 나머지 모발은 센터로 나눈 후 양쪽으로 빗질하여 모발의 장단이 생기지 않도록 섬세하게 커트한다.

3) 스타일링 시술하기

① 첫 번째 단은 모근의 각도를 들지 않은 상태에서 롤링하며 모발 끝부분에서 안으로 반 바
    퀴 말아 롤링한다.

② 두 번째 단은 45°를 들어 빗의 롤링만으로 드라이한다.

③ 세 번째 단과 네 번째 단은 모근의 볼륨을 위해 60° 이상 들어가며 롤링하며 드라이한다.

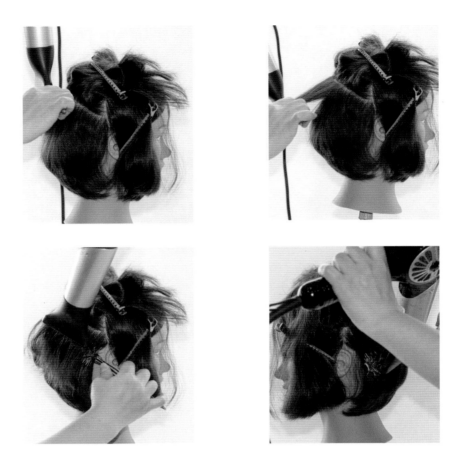

④ 크레스트 부위는 각도를 90° 들어 올려 끝까지 롤링한다.

⑤ 다음 단은 모근의 각도를 120°로 들어 올려 빗을 바짝 넣어 열을 두 번 가해준 후 각도를
유지하며 끝까지 롤링하며 드라이한다.

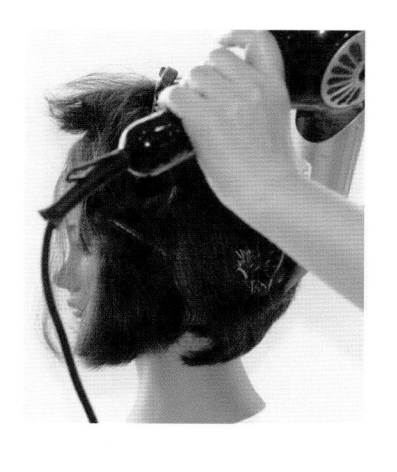

⑥ 사이드 첫 번째 단은 각도를 들지 않고 롤링하여 드라이한다.

⑦ 두 번째 단은 20° 들어 롤링하며 내려와 끝에서 롤링해 준다. 세 번째 단은 모근의 각도를
90° 들어 올려 드라이해 준다.

⑧ 반대편 사이드의 첫 번째 단은 각도를 들지 않고 롤링하고, 두 번째 단은 45° 들어 롤링하
며 내려와 끝에서 롤링해 준다.

⑨ 다음 단은 모근의 각도를 90°들어 올려 드라이해 준다. 반대쪽도 동일하게 시술한다. 드라이 완성 상태이다.

4) 응용 헤어스타일

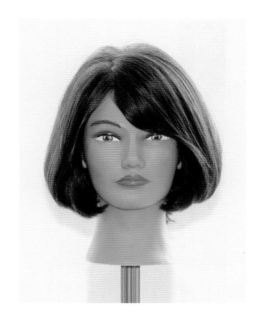

6. 로우 그래쥬에이션(Low Graduation) – 컨백스 라인

학습 내용	그래쥬에이션 컨백스 라인(로우 그래쥬에이션)
수업 목표	• 그래쥬에이션 특징을 분석할 수 있다. • 그래쥬에이션 후대각 섹션을 알 수 있다. • 그래쥬에이션 헤어커트를 위해 슬라이스를 할 수 있다. • 로우 그래쥬에이션 헤어커트를 위해 시술 각도(낮은 각도)를 할 수 있다.

구조 그래픽	섹션

섹셔닝	C.P ~ N.P	E.P ~ to~ E.P
머리 위치	똑바로/앞 숙임	똑바로/앞 숙임
섹션	후대각	후대각
분배	직각	직각
시술각	낮은	-
손가락 위치	평행	평행
가이드라인	이동/고정	고정
기법	블런트	블런트

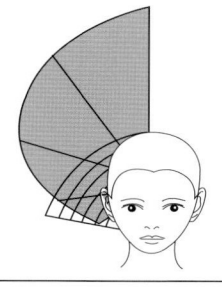

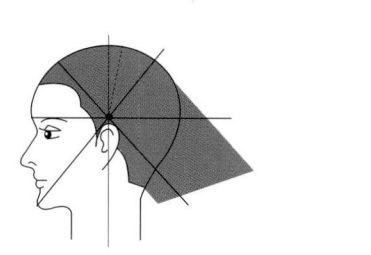

| 5등분 블로킹 |

1) 헤어커트 준비하기

2) 헤어커트 시술하기

① C.P를 중심으로 양쪽으로 2.5~3cm씩 정하여 분류한 후 뒤로 6cm 위치에서 모발을 고정시키고 이어 투 이어로 나눈 후 T.P을 중심으로 네이프 중앙선에 맞추어 블로킹하여 5등분을 완성한다.

② 첫 번째 단은 후대각 섹션으로 하여 2cm의 폭으로 섹션을 뜬 후 중앙 2cm를 가이드라인을 설정하여 0°로 커트한다.

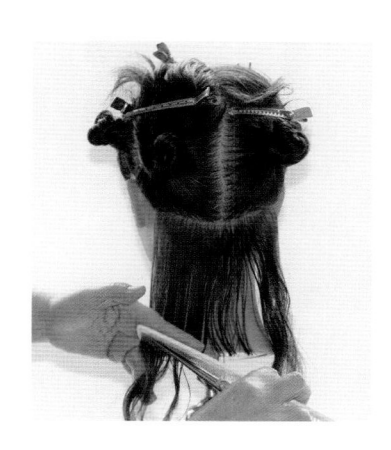

③ 좌측에서 우측으로 이동하며 슬라이스와 평행하게 하여 커트한다.

④ 두 번째 단은 슬라이스를 가르기 위해 모발을 좌측으로 빗질한 후 후대각 섹션으로 빗질한다.

⑤ 두 번째 단은 첫 번째 단과 동일 섹션을 나눈 후 중앙 2cm를 다운 오프 더 베이스에 30°로 빗질하여 커트한 후 양쪽 끝부분의 모발을 가운데로 모아 잡아 길이를 체크한다.

⑥ 세 번째 단은 중앙 2cm를 떠서 30°로 들어 블런트 커트한다.

⑦ 우측과 좌측으로 이동하며 커트한 후 양쪽 끝부분의 모발을 가운데로 모아 잡아 길이를 체크한다.

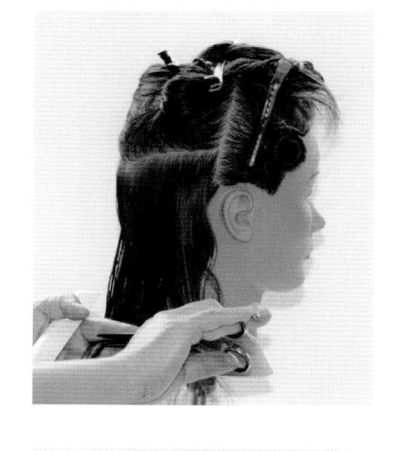

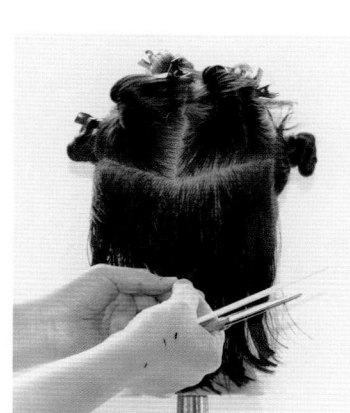

⑧ 다음 단의 슬라이스도 동일하게 시술한다.

⑨ 크레스트 부위는 무게감을 주기 위해 고정 디자인 라인으로 손가락의 위치가 슬라이스와 평행이 되도록 주의하며 커트한다.

⑩ 모류 방향으로 빗질한 후 밑 선의 길이에 맞추어 커트한다.

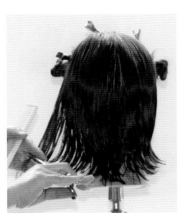

⑪ 사이드 첫 번째 단은 후대각 섹션으로 슬라이스로 나누고 E.P의 모발 길이에 맞춰 0°로 커트한다.

⑫ 두 번째 단과 세 번째 단은 다운 오프 더 베이스에 30°로 빗질하여 블런트 커트한다.

⑬ 반대편도 동일하게 시술한다.

⑭ 세 번째 단도 후대각 섹션으로 30°로 빗질하여 밑 가이드에 맞추어 블런트 커트한다.

⑮ 프린지 부분은 가로 3cm 폭으로 떠서 앞으로 빗질한 후 양쪽 F.S.P의 모발을 중심으로 모아 힘을 주지 않은 상태로 블런트 커트하고 C.P를 중심으로 반으로 가른 후 모발이 난 방향대로 빗어 내려 삐져나온 모발을 커트하여 정돈한다.

3) 스타일링 시술하기

① 첫 번째 단은 네이프 부위가 뜨지 않도록 모근 부위를 바람과 빗으로 눌러 주고 끝부분은
빗의 롤링으로 결을 정돈한다.

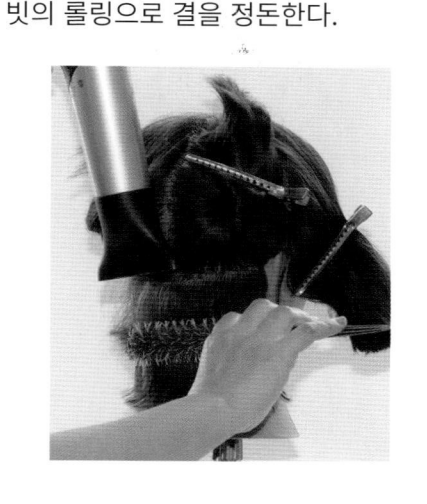 

② 두 번째 단은 블로킹을 나눈 후 후두부의 볼륨을 위해 모근 부위의 각도를 45° 들어 롤을
안착시키고 각도를 유지하고 좌측부터 이동하며 끝까지 정확한 롤링을 하며 빗을 빼준다.

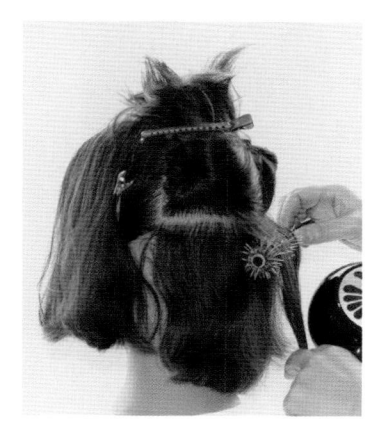

 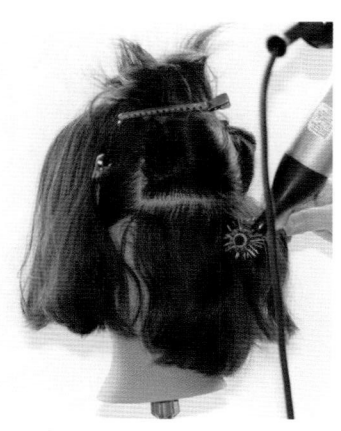

③ 우측도 같은 방법으로 드라이한다. 드라이 완성된 모습이다.

④ B.P 부위는 빗질을 통해 정확히 90°를 잡은 후 롤을 모근 부위에 정확하게 안착한 후 각도를 유지하며 모간까지 롤링한다.

⑤ 좌측에서 우측으로 이동하며 같은 방법으로 드라이한다.

⑥ 크레스트 부분도 90° 이상 들어 올려 각도를 유지하며 이동 라인으로 각자의 위치에서 롤링하며 정돈한다.

 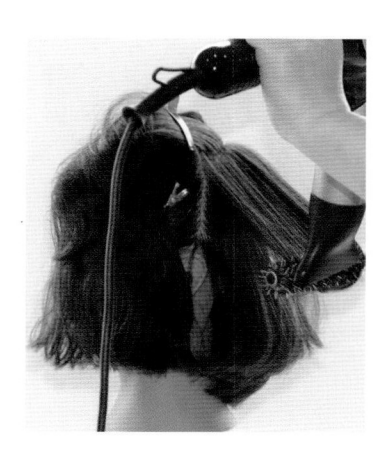

⑦ 사이드는 첫 번째 단은 0°로 자연스럽게 롤링하고 두상의 볼륨을 위해 두 번째 단 모근 부위는 45°로 들어 올려 끝까지 롤링하며 빗을 빼준다.

⑧ 세 번째 단 모근 부위는 90°이상 들어 올려 롤링하며 빗을 빼준다. 반대편도 동일하게 드라이한다.

⑨ 다음 단도 모근의 각도를 90° 들어 올려 드라이해 준다.

⑩ 드라이가 완성된 상태이다.

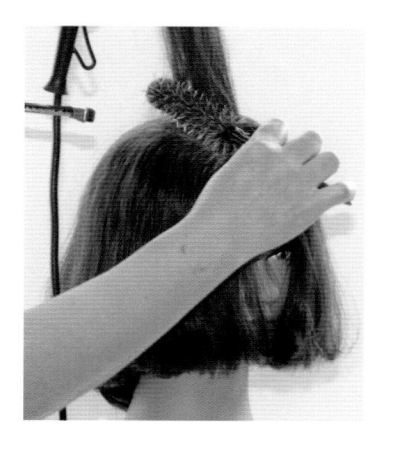

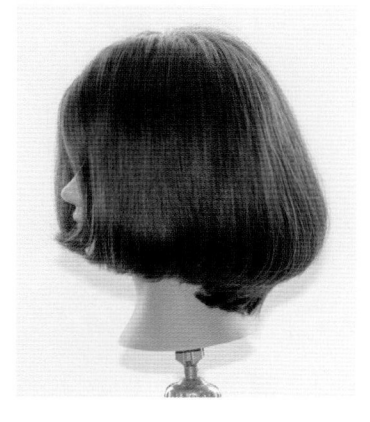

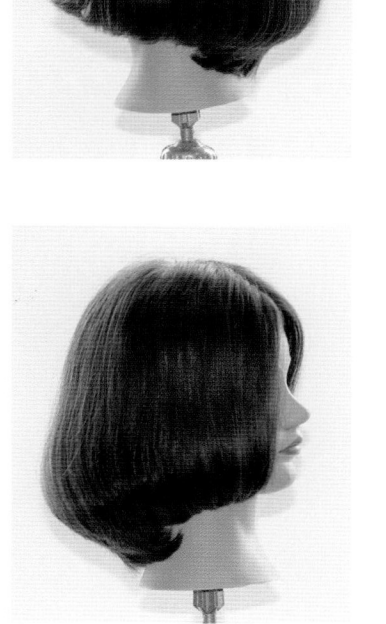

4) 응용 헤어스타일

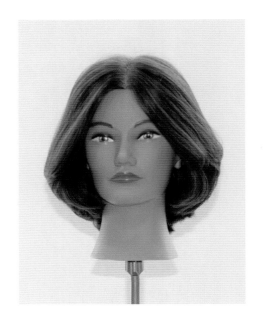
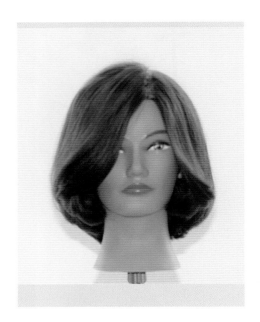

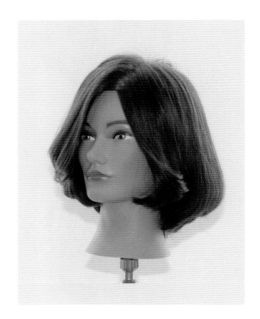

7. 미디엄 그래쥬에이션(Medium Graduation) – 컨백스 라인

학습 내용	그래쥬에이션 컨백스 라인(미디엄 그래쥬에이션)
수업 목표	• 그래쥬에이션 특징을 분석할 수 있다. • 그래쥬에이션 후대각 섹션을 알 수 있다. • 그래쥬에이션 헤어커트를 위해 슬라이스를 할 수 있다. • 미디엄 그래쥬에이션 헤어커트를 위해 시술 각도(중간 각도)를 할 수 있다.

구조 그래픽	섹션

섹셔닝	C.P ~ N.P	E.P ~ to~ E.P
머리 위치	똑바로/앞 숙임	똑바로/앞 숙임
섹션	후대각	후대각
분배	직각	직각
시술각	중간	-
손가락 위치	평행	평행
가이드라인	이동/고정	고정
기법	블런트	블런트

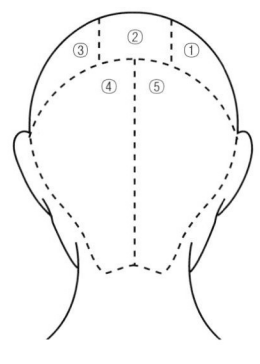

| 5등분 블로킹 |

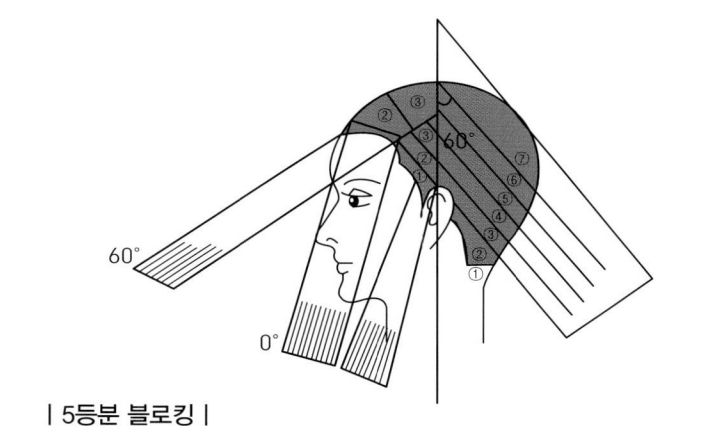

1) 헤어커트 준비하기

2) 헤어커트 시술하기

① 첫 번째 단은 2~2.5cm 폭으로 후대각 섹션으로 슬라이스한 후 중앙 2cm를 가이드라인을 설정하여 좌측과 우측으로 이동하며 왼손 패널의 위치가 평행하게 정확히 잡은 후 블런트 커트한다.

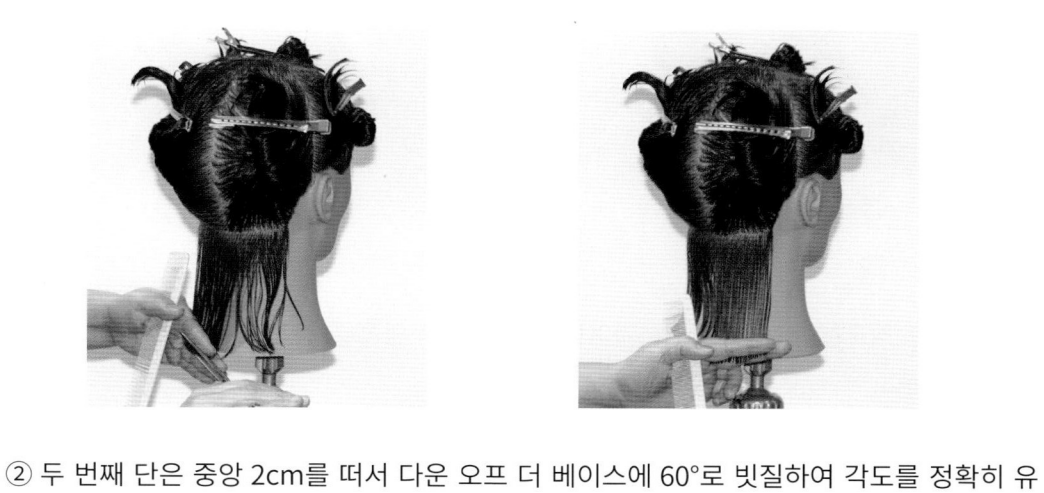

② 두 번째 단은 중앙 2cm를 떠서 다운 오프 더 베이스에 60°로 빗질하여 각도를 정확히 유지하며 이동 가이드로 커트한다.

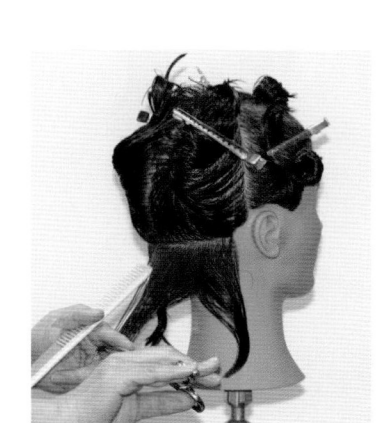

③ 세 번째 단은 중앙 2cm를 다운 오프 더 베이스에 60°로 빗질하여 블런트 커트한다.

④ 좌측도 각도를 유지하며 이동 가이드로 커트한 후 양쪽 끝 모발을 중심으로 모아 길이를 체크한다.

⑤ 세 번째 단은 중앙 2cm를 떠서 다운 오프 더 베이스로 빗질하여 60°로 들어 블런트 커트한다.

⑥ 같은 방법으로 커트한다.

⑦ 크레스트 부분에서는 무게감을 주기 위해 고정 디자인 라인으로 우측과 좌측의 길이를 수시로 확인하며 커트한다.

⑧ 모발을 모류 방향으로 빗질한 후 아랫선의 길이에 맞추어 커트한다.

⑨ 사이드의 첫 번째 단은 0°, 두 번째와 세 번째 단은 다운 오프 더 베이스에 패널의 위치가
   슬라이스와 평행이 되게 블런트 커트해 간다.

⑩ 세 번째 단도 동일하게 시술한다. 좌측 사이드 완성 상태이다.

⑪ 반대편도 동일하게 시술한다. 첫 번째 단은 0°, 두 번째와 세 번째 단은 다운 오프 더 베이스로 패널의 위치가 슬라이스와 평행이 되게 블런트 커트해 간다.

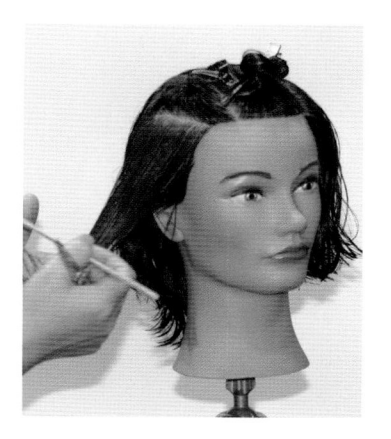

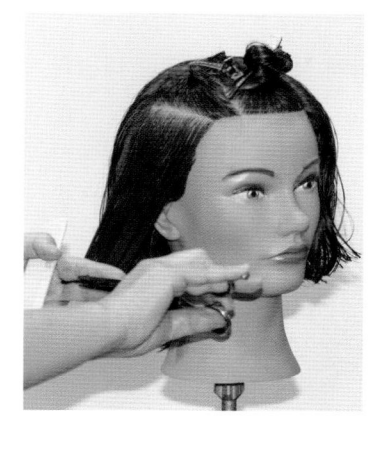

⑫ 세 번째 단은 다운 오프 더 베이스로 패널의 위치가 슬라이스와 평행이 되게 블런트 커트 해 간다. 우측 사이드 완성이다.

⑬ 프린지 부분은 가로 3cm 폭으로 떠서 앞으로 빗질한 후 양쪽 F.S.P의 모발을 중심으로 모아 힘을 주지 않은 상태로 커트하고 반으로 가른 후 빗질하여 모발이 난 방향대로 빗어 내려 빠져나온 모발을 커트한다.

⑭ 동일하게 정리하며 커트해 나간다.

3) 스타일링 시술하기

① 첫 번째 단은 각도를 들지 않고 브러시를 롤링하여 모발의 결을 정돈한 다음 드라이한다.

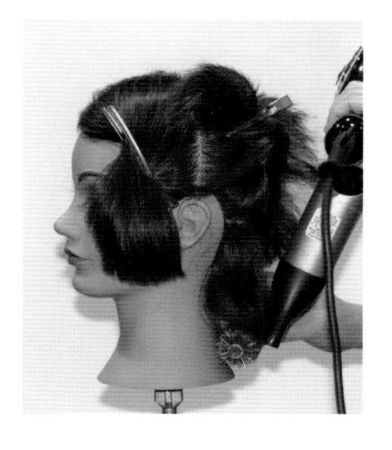 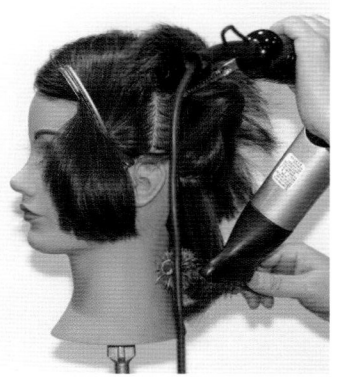

② 두 번째 단은 중앙부터 45° 각도를 유지하며 모발 끝까지 롤링한다.

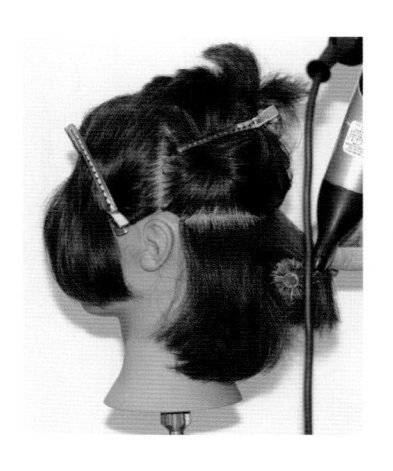 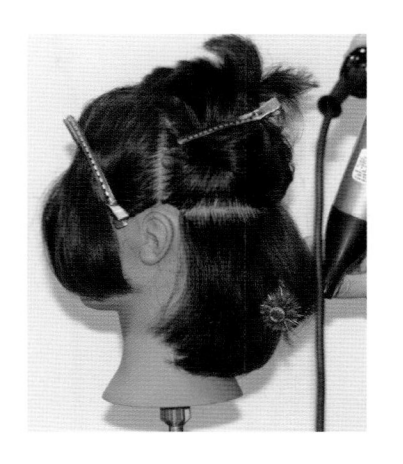

③ 45° 각도를 유지하며 슬라이스와 평행하게 드라이한다.

 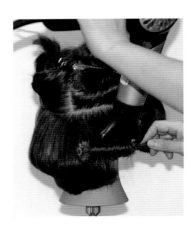

④ 세 번째 단은 빗질을 통해 90° 각도를 정확히 잡은 후 롤을 모근 부위에 바짝 댄 후 모근에 열을 가해 볼륨을 준 후 각도를 천천히 낮추어가며 드라이한다.

⑤ 동일한 방법으로 드라이한다.

⑥ 다음 단은 90° 들어 빗을 모근 부위에 바짝 댄 후 모근에 열을 가해 볼륨을 준 후 각도를 천
천히 낮추어가며 드라이한다

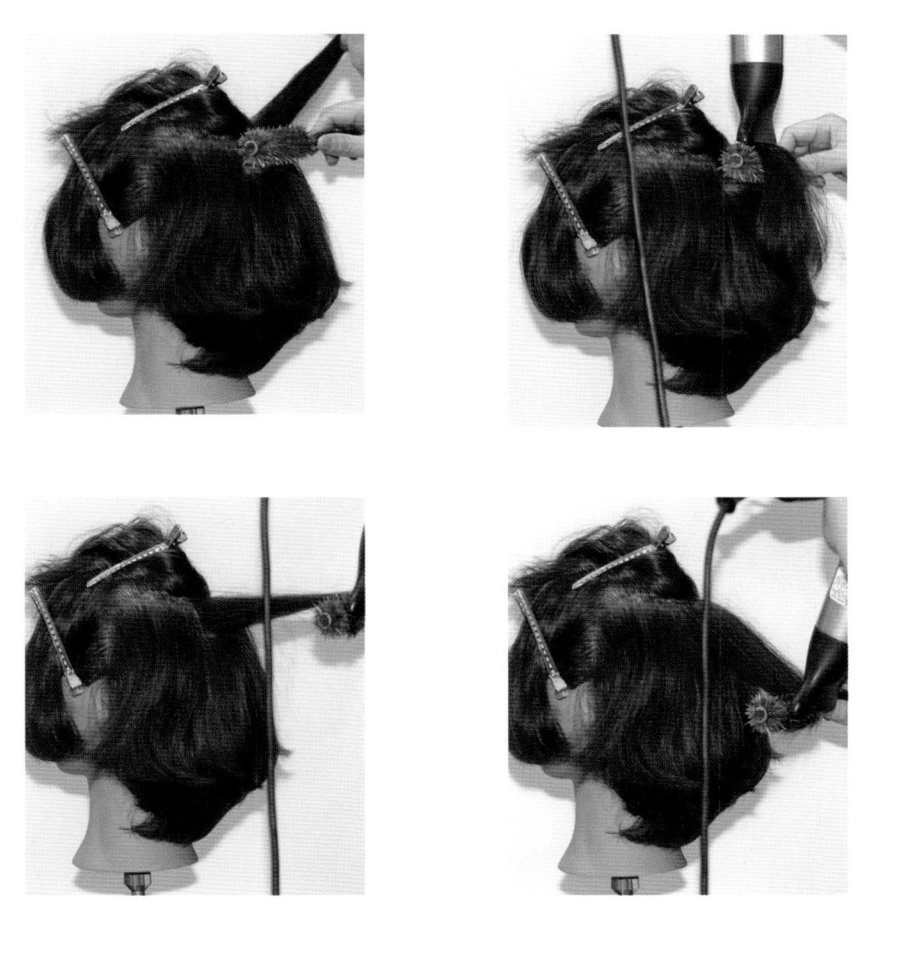

⑦ 좌측과 우측도 동일한 방법으로 드라이한다.

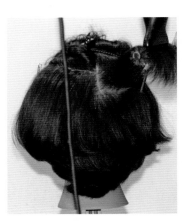

⑧ 나머지 단도 동일하게 시술한다.

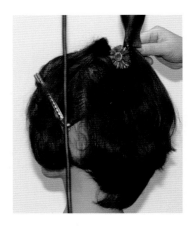
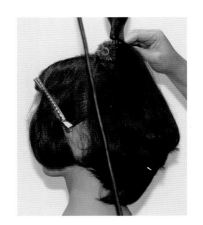

⑨ 사이드는 첫 번째 단은 0°로 자연스럽게 롤링하며 빗을 빼준다.

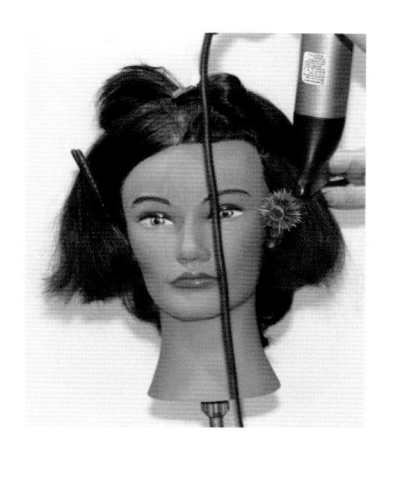 

⑩ 두상의 볼륨을 위해 두 번째 단 모근 부위는 45°, 세 번째 단 모근 부위는 90° 이상 들어 올려 롤링하며 빗을 빼준다.

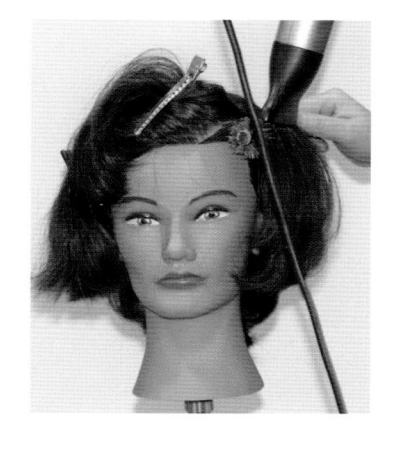 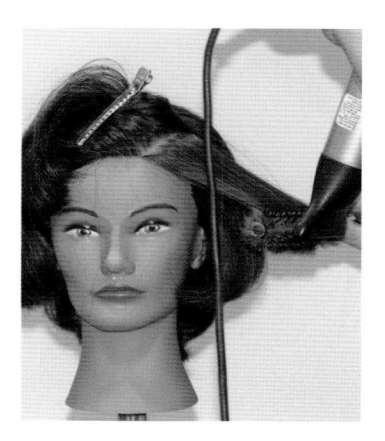

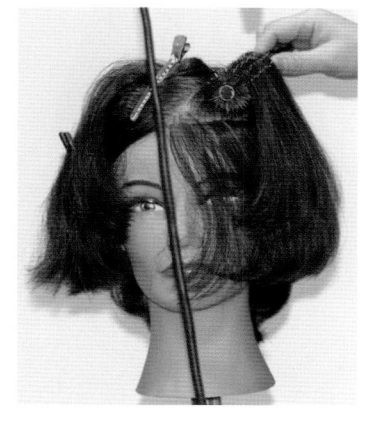 

⑪ 반대편도 첫 번째 단은 0°, 두 번째 단은 45°로 들어 자연스럽게 롤링하며 빗을 빼준다. 세 번째 단 모근 부위는 90° 이상 들어 올려 롤링하며 드라이한다.

8. 하이 그래쥬에이션(High Graduation) – 컨백스 라인

학습 내용	그래쥬에이션 컨백스 라인(하이 그래쥬에이션)
수업 목표	• 그래쥬에이션 특징을 분석할 수 있다. • 그래쥬에이션 후대각 섹션을 알 수 있다. • 그래쥬에이션 헤어커트를 위해 슬라이스를 할 수 있다. • 하이 그래쥬에이션 헤어커트를 위해 시술 각도(높은 각도)를 할 수 있다.

구조 그래픽	섹션
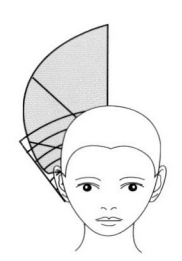	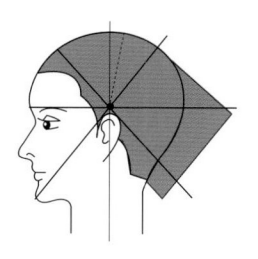

섹셔닝	C.P ~ N.P	E.P ~ to~ E.P
머리 위치	똑바로/앞 숙임	똑바로/앞 숙임
섹션	후대각	후대각
분배	직각	직각
시술각	높은	-
손가락 위치	평행	평행
가이드라인	이동/고정	고정
기법	블런트	블런트

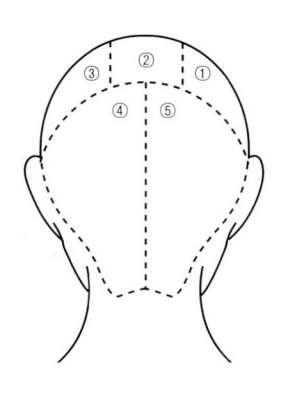

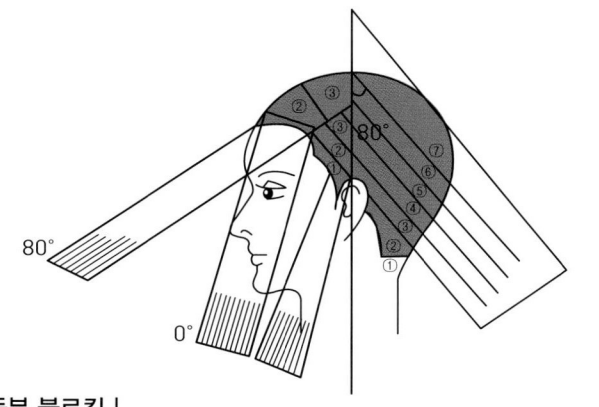

| 5등분 블로킹 |

7. 그래쥬에이션 커트(Graduation Cut)의 개요

1) 헤어커트 준비하기

2) 헤어커트 시술하기

① C.P를 중심으로 양쪽으로 2.5~3cm씩 정하여 분류한 후 뒤로 6cm 위치에서 모발을 고정시키고 이어 투 이어로 나눈 후 T.P을 중심으로 네이프 중앙선에 맞추어 블로킹하여 5등분을 완성한다.

② 첫 번째 단은 2cm 폭으로 후대각 섹션으로 슬라이스 한 후 중앙 2cm를 떠서 가이드라인를 설정하여 0°로 커트하고 패널의 위치가 평행하게 정확히 잡은 후 블런트 커트한다.

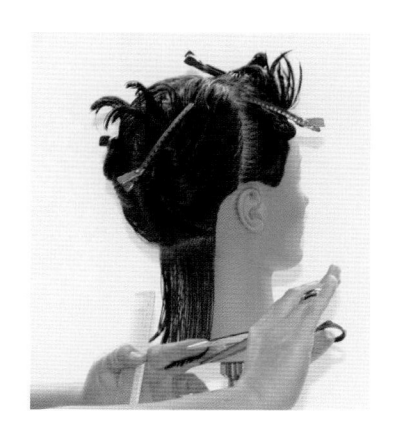 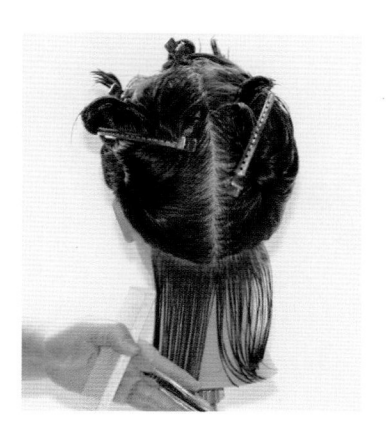

③ 두 번째 단은 다운 오프 더 베이스에 자연 시술각 80°를 정확히 유지하며 중앙부터 시작하여 이동 가이드로 이동하며 커트한다.

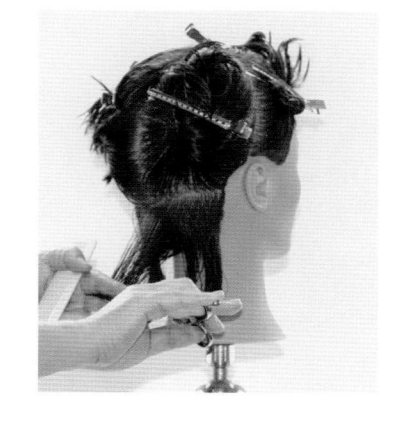 

④ 동일한 방법으로 커트한다.

⑤ 세 번째 단은 다운 오프 더 베이스, 자연 시술각 80° 들어 각도를 유지하며 중앙부터 블런트 커트한다.

⑥ 우측과 좌측도 동일한 방법으로 커트한다.

⑦ 커트가 완성되면 양쪽 끝 1cm를 가운데로 모아 길이를 확인한다.

⑧ 네 번째 단도 동일하게 시술하며 중앙에서부터 오른쪽으로 이동해 가며 패널의 위치가 평행이 되게 블런트 커트한다.

⑨ 좌측도 동일한 방법으로 커트한다.

 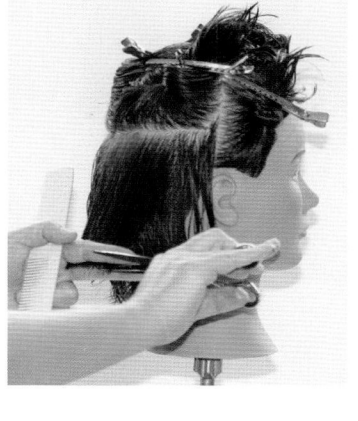

⑩ 크레스트 부분에서는 무게감을 주기 위해 다운 오프 더 베이스, 고정 디자인 라인으로 우측과 좌측의 길이를 확인하며 커트한다.

⑪ 모류 방향으로 빗질한 후 밑을 유지하며 정돈하며 커트한다.

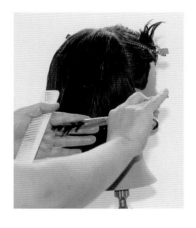

⑫ 사이드 첫 번째 단은 0°, 두 번째 단은 다운 오프 더 베이스로 빗질하여 패널의 위치가 슬라이스와 평행이 되게 블런트 커트해 간다.

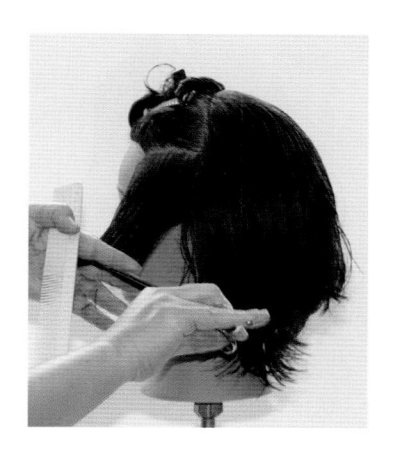

⑬ 세 번째와 네 번째 단은 다운 오프 더 베이스로 빗질하여 패널의 위치가 슬라이스와 평행이 되게 블런트 커트해 간다.

⑭ 반대쪽 사이드도 동일하게 자른다

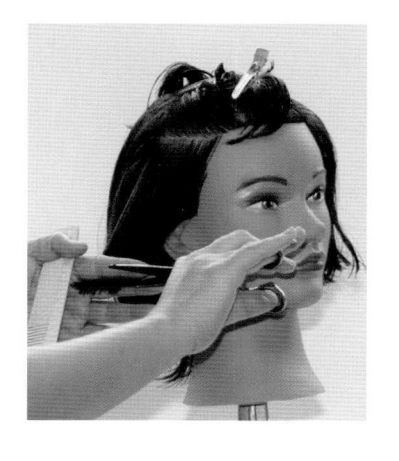

⑮ 패널의 위치가 슬라이스와 평행이 되게 블런트 커트해 간다. 우측 사이드 완성이다.

 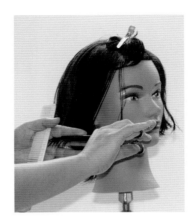

⑯ 프린지 부분은 가로 3cm 폭으로 떠서 앞으로 빗질한 후 양쪽 F.S.P의 모발을 중심으로 모아 힘을 주지 않은 상태로 블런트 커트하고 나머지 모발은 반으로 갈라 각자의 위치에서 빗질하여 커트한다.

 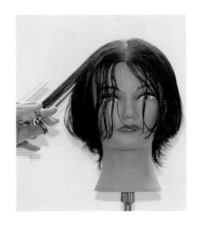

3) 스타일링 시술하기

① 첫 번째 단은 각도를 들지 않고 롤링하여 결을 정돈한다.

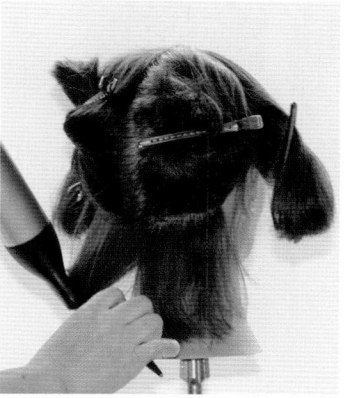

② 두 번째 단은 45°를 유지하며 중앙부터 드라이한다.

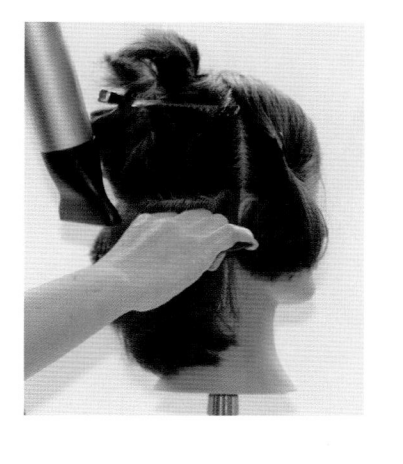

③ 45°를 유지하고 롤링하며 우측과 좌측을 드라이한다.

④ 세 번째 단은 빗질을 통해 45°를 정확히 잡아 각도를 유지하며 모발 끝까지 드라이한다.

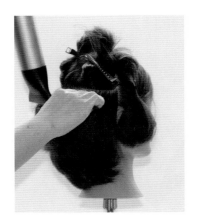 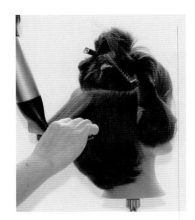

⑤ 90° 각도를 유지하고 롤링하며 드라이한다.

⑥ 네 번째 단은 빗질을 통해 90° 이상 들어 롤을 모근 부위에 정확히 안착한 후 드라이한다.

⑦ 최대한 각도를 유지하며 끝까지 롤링하며 빗을 빼준다.

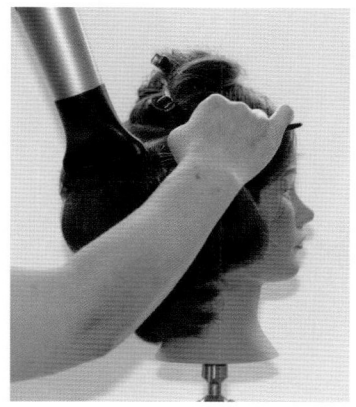

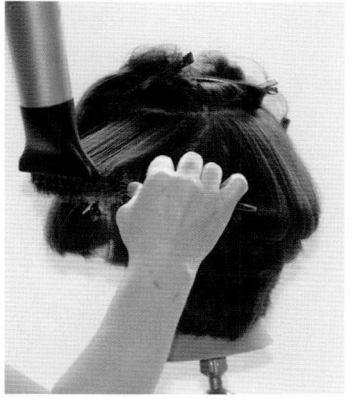

⑧ 톱 부위도 90° 이상 들어 롤을 모근 부위에 정확히 안착한 후 롤링하며 드라이한다.

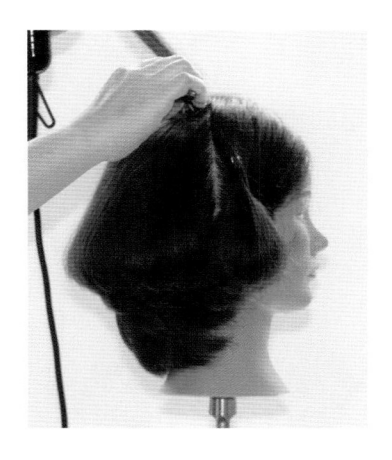
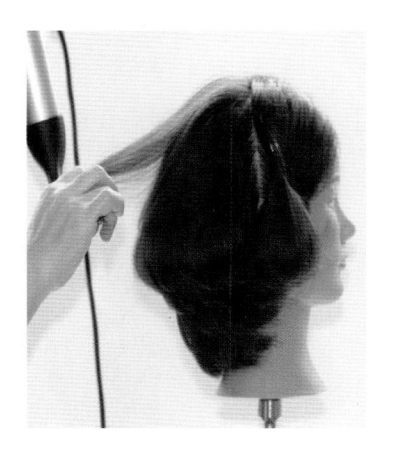

⑨ 사이드는 첫 번째 단은 0°로 자연스럽게 롤링하고 두상의 볼륨을 위해 두 번째 단 모근 부위는 45° 들어 올려 롤링하며 빗을 빼준다.

⑩ 세 번째 단 모근 부위는 90° 이상 들어 모근 부위의 볼륨을 위해 열을 가했다 식혔다 2번 한 후 롤링하며 빗을 빼준다.

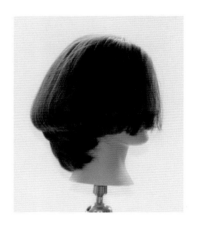

⑪ 반대편 사이드 첫 번째 단은 0°로 자연스럽게 롤링하고 빗을 빼준다.

⑫ 두 번째 단 모근 부위는 45°, 세 번째 단은 90° 이상 들어 올려 롤링하며 빗을 빼준다. 드라이가 완성된 상태이다.

4) 응용 헤어스타일

9. 그래쥬에이션(High Graduation) – 수평 라인

학습 내용	그래쥬에이션 수평 라인
수업 목표	• 그래쥬에이션 특징을 분석할 수 있다. • 그래쥬에이션 수평 섹션을 알 수 있다. • 그래쥬에이션 헤어커트를 위해 슬라이스를 할 수 있다. • 그래쥬에이션 헤어커트를 위해 시술 각도(높은 각도)를 할 수 있다.

구조 그래픽	섹션
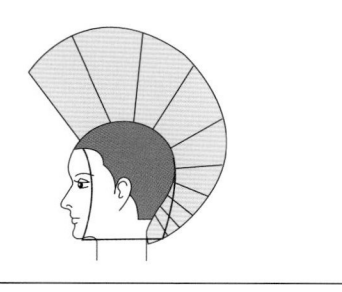	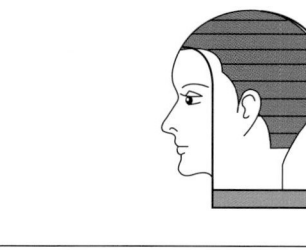

섹셔닝	C.P ~ N.P	E.P ~ to ~ E.P
머리 위치	똑바로/앞 숙임	똑바로/앞 숙임
섹션	수평	수평
분배	자연	-
시술각	높은	높은
손가락 위치	평행	평행
가이드라인	이동/고정	고정
기법	블런트	블런트

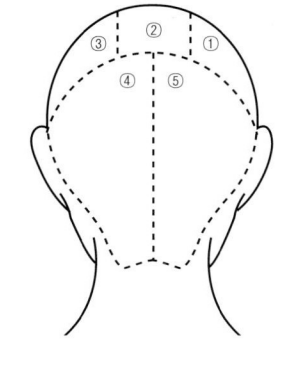

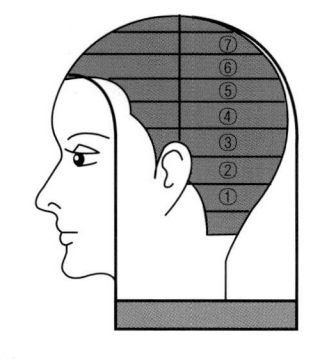

| 5등분 블로킹 |

1) 헤어커트 준비하기

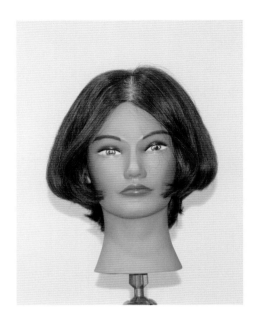

2) 헤어커트 시술하기

① 첫 번째 단은 2~2.5cm 폭으로 수평 섹션으로 슬라이스 한 후 중앙 2cm를 블런트 커트하여 가이드라인을 설정한다.

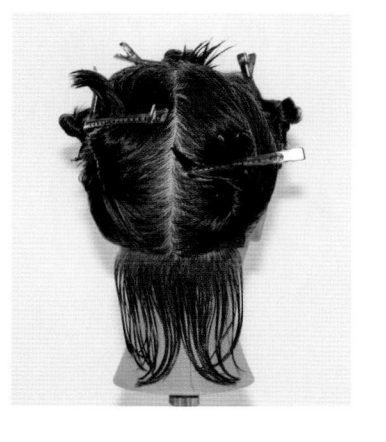 

② 중앙을 기준으로 우측과 좌측으로 이동하며 패널의 위치가 평행하게 정확히 잡은 후 블런트 커트한다.

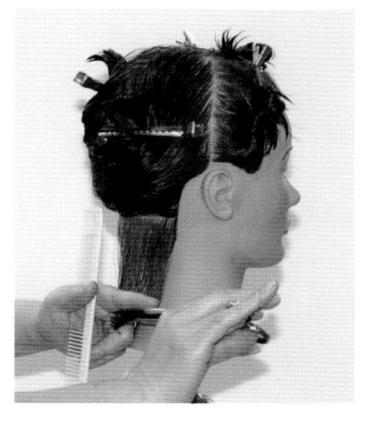 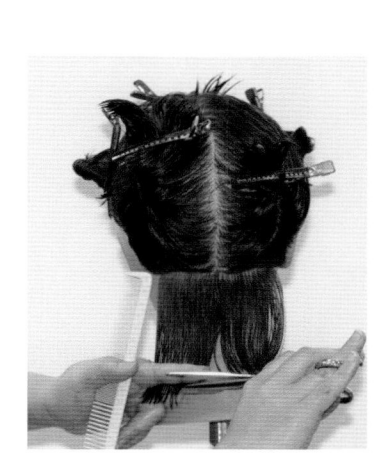

③ 두 번째 단은 2cm 폭으로 슬라이스 한 후, 정중선에서 다운 오프 더 베이스에 70°를 정확히 유지하며 자연 분배하여 손가락과 평행하게 시술한다.

④ 세 번째 단은 70°를 유지하며 커트한다. 우측과 좌측으로 이동하며 패널의 위치가 평행하게 정확히 잡은 후 블런트 커트한다.

⑤ 세 번째 단의 커트가 완성된 상태이다.

⑥ 네 번째 단은 다운 오프 더 베이스에 자연 시술각도 70°로 빗질하여 커트를 시술한다.

⑦ 좌측도 각도를 정확하게 확인한 후 이동해 가며 자연 분배하여 패널의 위치가 평행이 되게 시술한다. 다섯 번째 단도 네 번째 단과 동일하게 시술해 간다.

 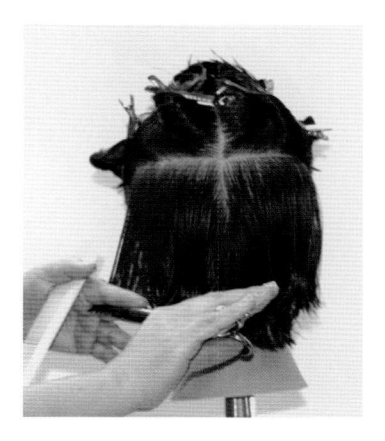

 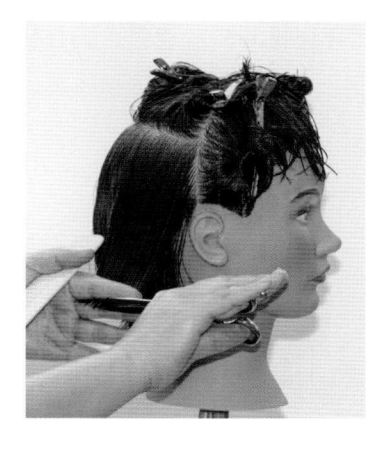

⑧ 톱 부위는 모류 방향으로 모발을 빗질하여 아랫선의 길이에 맞추어 다운 오프 더 베이스로 커트한다.

⑨ 사이드 첫 번째 단은 수평이 되게 슬라이스를 가른 후, E.P의 모발 길이의 가이드에 맞추어 0°로 블런트 커트한다.

⑩ 두 번째, 세 번째 단은 다운 오프 더 베이스에 70°로 빗질하여 패널의 위치와 빗의 위치, 슬라이스가 평행이 되게 블런트 커트를 시술한다.

⑪ 반대편도 동일하게 시술한다.

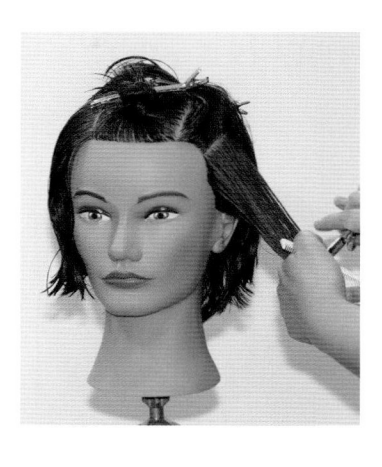

⑫ 앞머리 부분은 가로 3cm 폭으로 떠서 앞으로 빗질한 후 양쪽 F.S.P의 모발을 중심으로 모아 힘을 주지 않은 상태로 블런트 커트하고, 나머지 모발은 반으로 갈라 우측부터 각자의 위치에서 빗질하여 커트한다.

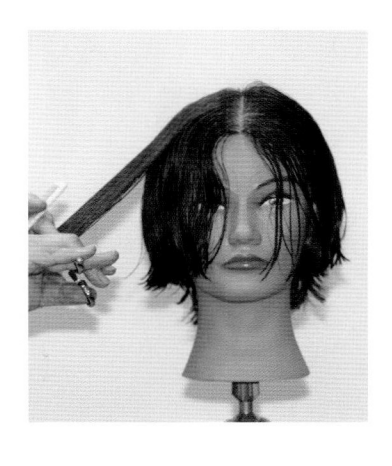

⑬ 우측부터 좌측으로 각자의 위치에서 모발을 정돈한다.

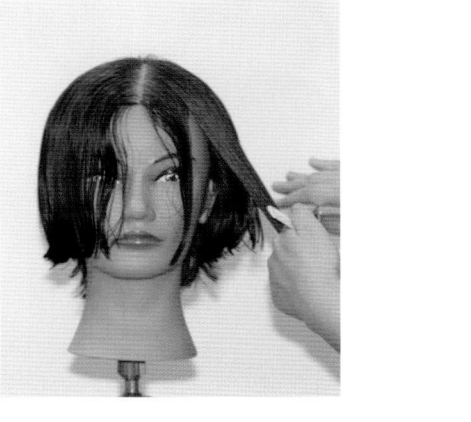
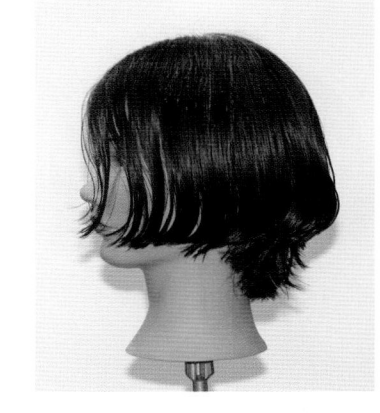

3) 스타일링 시술하기

① 첫 번째 단은 각도를 들지 않고 롤링하여 결을 정돈한다.

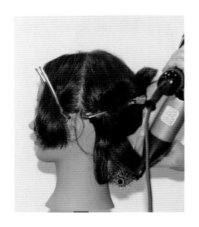 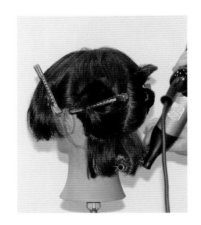

② 두 번째 단은 중앙부터 45°를 유지하며 슬라이스와 평행하게 드라이한다.

 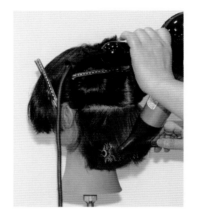

③ 우측에서 좌측으로 이동하며 드라이한다.

 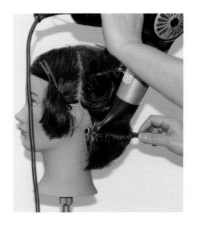

④ 세 번째 단은 빗질을 통해 90°를 정확히 잡은 후 중앙부터 롤을 모근 부위에 바짝 댄 후 모근에 열을 가해 볼륨을 준 후 각도를 천천히 낮추어가며 드라이한다.

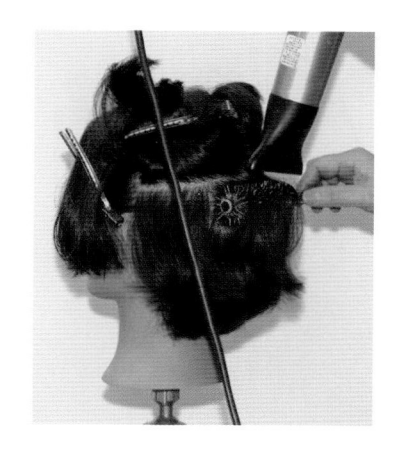 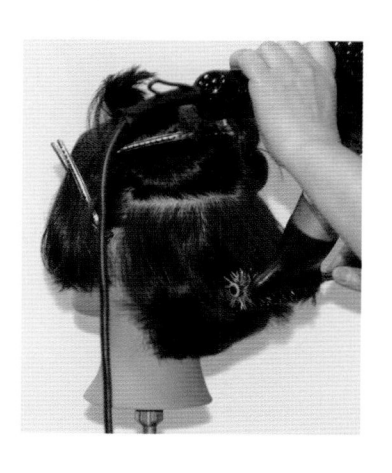

⑤ 각도를 정확히 지켜가며 좌측에서 우측으로 이동하며 드라이한다.

⑥ 네 번째 단도 빗질을 통해 90°를 정확히 잡은 후 중앙부터 롤을 모근 부위에 바짝 댄 후 모근에 열을 가해 볼륨을 준 후 각도를 천천히 낮추어가며 드라이한다.

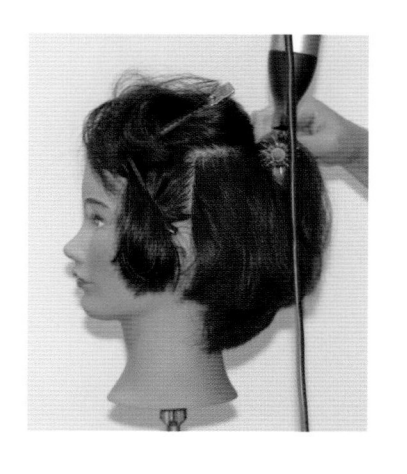 

⑦ 각도를 정확히 지켜가며 이동하며 드라이한다.

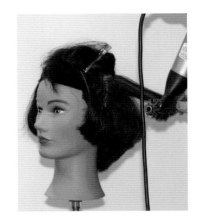

⑧ 다섯 번째 단도 동일하게 시술한다.

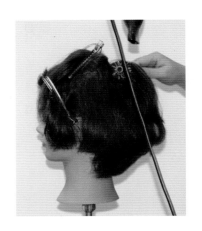
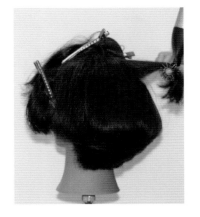

⑨ 사이드는 첫 번째 단은 0°로 자연스럽게 롤링하고 두상의 볼륨을 위해 두 번째 단 모근 부위는 45°로 들어 모근에 열을 가해 준다.

⑩ 두 번째 단을 롤링하며 끝까지 마무리한 후 세 번째 단 모근 부위는 90° 이상 들어 올려 롤링하며 빗을 빼준다.

⑪ 반대편 사이드는 첫 번째 단은 0°로 자연스럽게 롤링하고 두상의 볼륨을 위해 두 번째 단 모근 부위는 45°로 들어 모근에 열을 가해준 후 끝까지 롤링하며 드라이한다.

⑫ 세 번째 단 모근 부위는 90° 이상 들어 올려 롤링하며 빗을 빼준다. 오른쪽 드라이가 완성
된 상태.

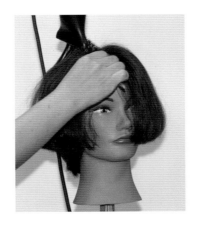
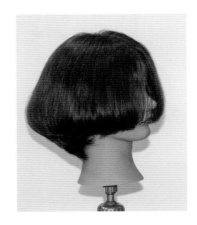

⑬ 드라이가 완성된 상태이다.

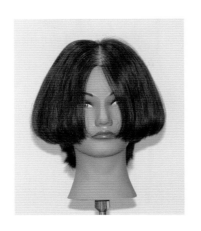
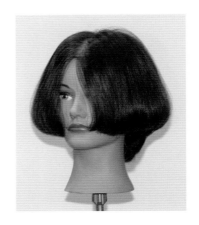

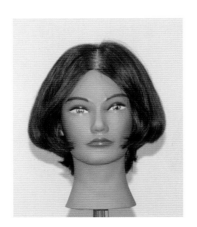

4) 응용 헤어스타일

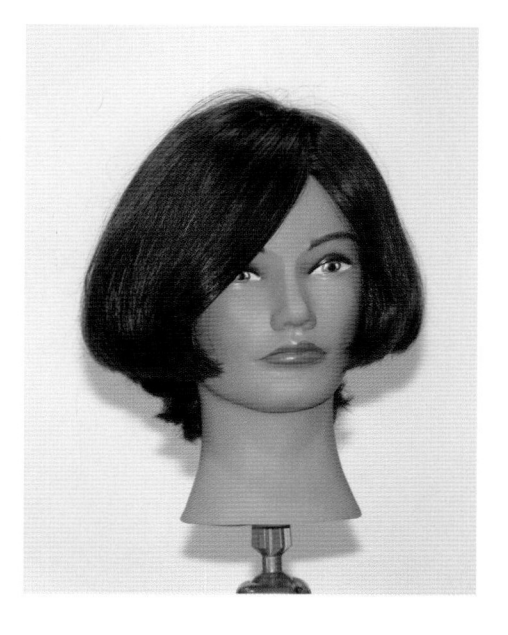

NCS
BASIC DESIGN HAIR CUT

유니폼 레이어 커트(Uniform Layer Cut)의 개요

톱과 네이프 모발 길이가 같게 둥근 모양이 되도록 모발에 많은 단차를 주어 커트하는 스타일로 커트 시 모발을 두상 90°로 들어서 커트한다. 라운드 레이어, 세임 레이어 라고도 한다.

구조(Structure)	 모든 모발의 길이가 동일 길이의 반복으로 무게감이 없다.
모양(Shape)	원형
질감(Texture)	100% 엑티베이트
가이드라인(Guide Line)	이동 디자인 라인
머리 위치(Head Position)	똑바로
섹션(Section)	수직, 수평, 피벗 섹션을 사용된다.
분배(Distribution)	직각 분배
시술각(Angle)	두상 곡면의 90°
손가락 위치 (Finger Position)	두상 곡면으로부터 평행

1. 유니폼 레이어 커트의 절차

유니폼 레이어형은 톱과 네이프의 모발 길이가 같으며 둥근 모양으로 모발에 많은 단차를 주는 커트로 엑티베이트한 질감을 가지고이다. 모발을 두상에서 90°들어서 커트한다.

1) 모양

두상의 곡면과 평행한 둥근 모양이 특징이다.

2) 구조

① 모든 모발의 길이가 동일하며 무게감이 생기지 않는다.

② 다양한 길이로 시술할 수 있지만 짧거나 중간 길이에 주로 사용된다.

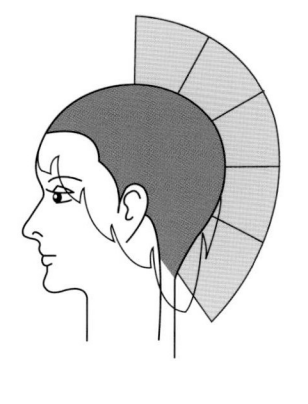
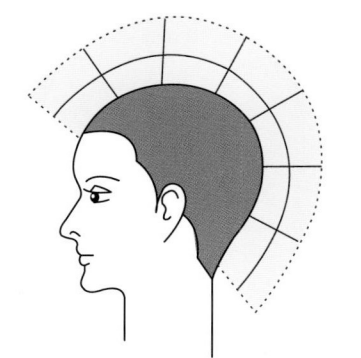

3) 머리 질감

① 모발 끝이 100% 잘린 머리끝이 보이는 형태로 질감이 엑티베이트하다.

② 커트 시 자르는 곳으로 몸이 같이 움직여야 하며, 특히 길이 감소에 유의해야 한다.

③ 웨이브 시술 시 볼륨감과 입체감을 높일 수 있다.

4) 머리 위치

일반적으로 똑바로 형을 많이 사용한다.

5) 섹션

수평, 수직, 피벗 섹션을 사용할 수 있으며 시술 시 정확성을 위해 너무 큰 섹션을 사용하지 않는 것이 좋다. 가장 자주 사용된다.

6) 분배

직각 분배을 사용한다.

7) 시술각

두상의 곡면으로 부터 90°를 사용한다.

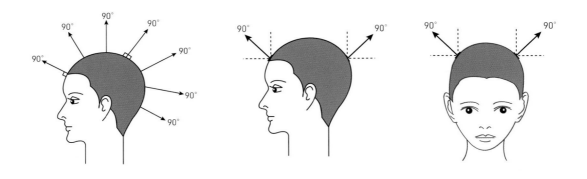

8) 손가락 위치

① 두상 곡면으로부터 손가락과 손은 항상 평행하게 놓여야 한다.
② 손가락 두 마디 이상 커트하지 않아야 동일한 길이를 얻을 수 있다.

2. 유니폼 레이어 (Uniform Layer Cut) – 두상 90°

학습 내용	유니폼 레이어
수업 목표	• 유니폼 레이어 특징을 분석할 수 있다. • 유니폼 레이어 피벗/수직 섹션을 알 수 있다. • 유니폼 레이어 헤어커트를 위해 슬라이스를 할 수 있다. • 유니폼 헤어커트를 위해 시술 각도(두상 90°)를 할 수 있다.

구조 그래픽	섹션
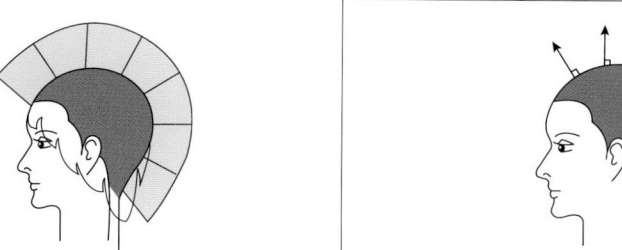	

섹셔닝	C.P ~ N.P	E.P ~ to~ E.P
머리 위치	똑바로/앞 숙임	똑바로/앞 숙임
섹션	피벗/수평	수직/수평
분배	직각	직각
시술각	두상 90°	두상 90°
손가락 위치	평행	평행
가이드라인	이동	이동
기법	블런트	블런트

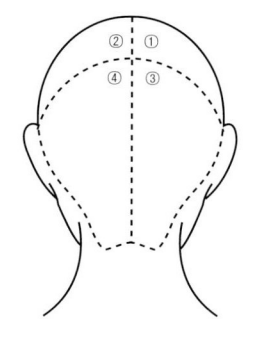 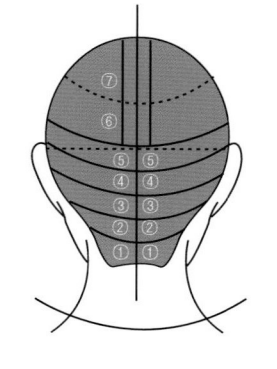 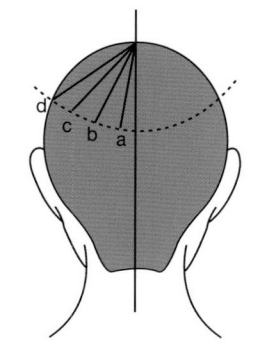

| 4등분 블로킹 |

1) 헤어커트 준비하기

2) 헤어커트 시술하기

① C.P에서 N.P까지 정중선으로 T.P에서 E.P, E.P까지 측중선으로 섹셔닝하여 4등분으로 나눈다.

② 네이프의 첫 번째 단을 수평 섹션으로 나눈 다음, 1.5cm 슬라이스한다. 중앙에서 가이드를 정한 다음, 자연 분배, 자연 시술각 0°로 커트한다. 좌·우 길이가 동일한지 확인한다.

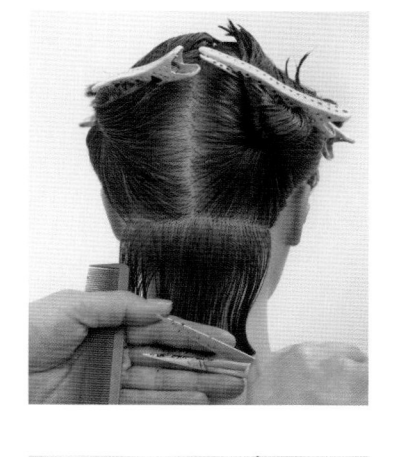 

③ 두 번째도 수평 섹션, 직각 분배, 이동 가이드, 일반 시술각 90°로 커트하며 좌·우의 길이가 같도록 주의하면서 시술한다.

④ 세 번째 단도 동일하게 직각 분배, 이동 가이드, 일반 시술각 90°로 커트하며 좌·우의 길이가 같도록 주의하면서 시술한다.

⑤ 인테리어는 방사선 섹션을 사용하여 두상의 곡면을 따라 90°로 시술한다.

⑥ 방사선 섹션으로 나누어 일반 시술각 90°, 이동 가이드, 손 위치는 두상 곡면과 평행이 되
도록 하여 온 더 베이스로 시술한다

⑦ 사이드는 첫 번째 단은 E.P의 모발을 가이드에 맞춰 블런트 커트한다.

 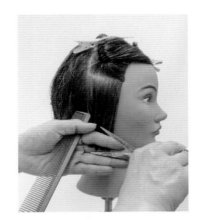

⑧ 두 번째 단은 일반 시술각 90°로 수평으로하여 첫 번째 단 가이드에 맞춰 시술한다.

⑨ 세 번째 단부터는 두정부와 동일하게 수직 섹션하여 일반 시술각 90°로 시술한다.

⑩ 반대편도 동일하게 시술한다. 좌 · 우의 길이가 같은지 확인한다.

⑪ 두 번째 단은 90°로 수평으로 하여 첫 번째 단 가이드에 맞춰 시술한다.

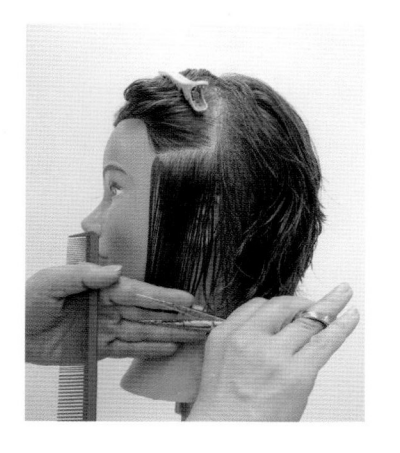

⑫ 세 번째 단부터 세로 섹션, 일반 시술각 90°, 이동 가이드로 시술한다. 앞머리도 동일하게 90°로 시술한다. 마무리가 완성된 상태이다.

3) 스타일링 시술하기

① C.P에서 N.P와 E.P to E.P로 나눈 후, 수분 15% 정도에서 네이프에서부터 각도를 최대한 다운시킨 다음 가볍게 인컬 드라이를 한다.

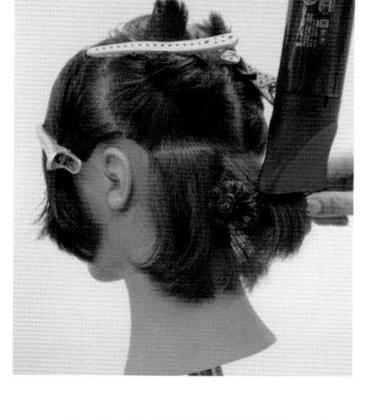

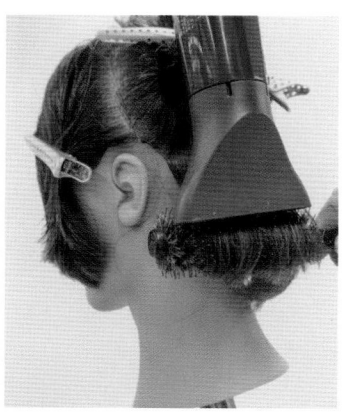

② 두 번째 단은 2cm의 폭으로 수평하여 45°의 각도로 롤링하여 모근 부위부터 롤 브러시를 롤링하며 내려와 모발 끝자락에서 C컬이 되도록 반 바퀴 말아 준다.

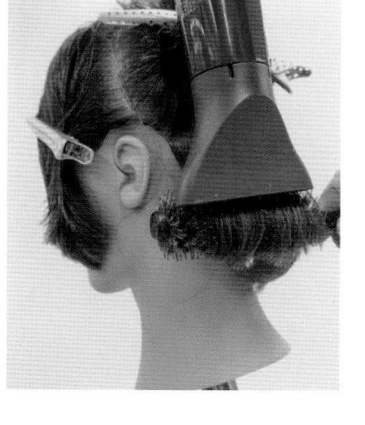

③ 2cm의 폭으로 수평하여 45°의 각도로 롤링하여 모근 부위부터 롤 브러시를 롤링하며 얼굴 방향으로 브러시를 롤링하며 롤을 빼준다.

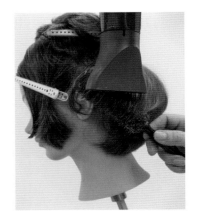

④ 다음 단은 2cm의 폭으로 수평하여 90°의 각도로 롤링하여 모근 부위부터 롤 브러시를 롤링하며 내려와 모발 끝자락에서 C컬이 되도록 반 바퀴 말아 준다.

⑤ 인테리어는 모근에서 롤 브러시를 90°로 두피에 밀착시킨 후 반 바퀴 돌려 뜸을 준다. 롤 브러시를 롤링하고 각도를 낮춰 C자의 포물선을 그리면서 롤을 빼준다.

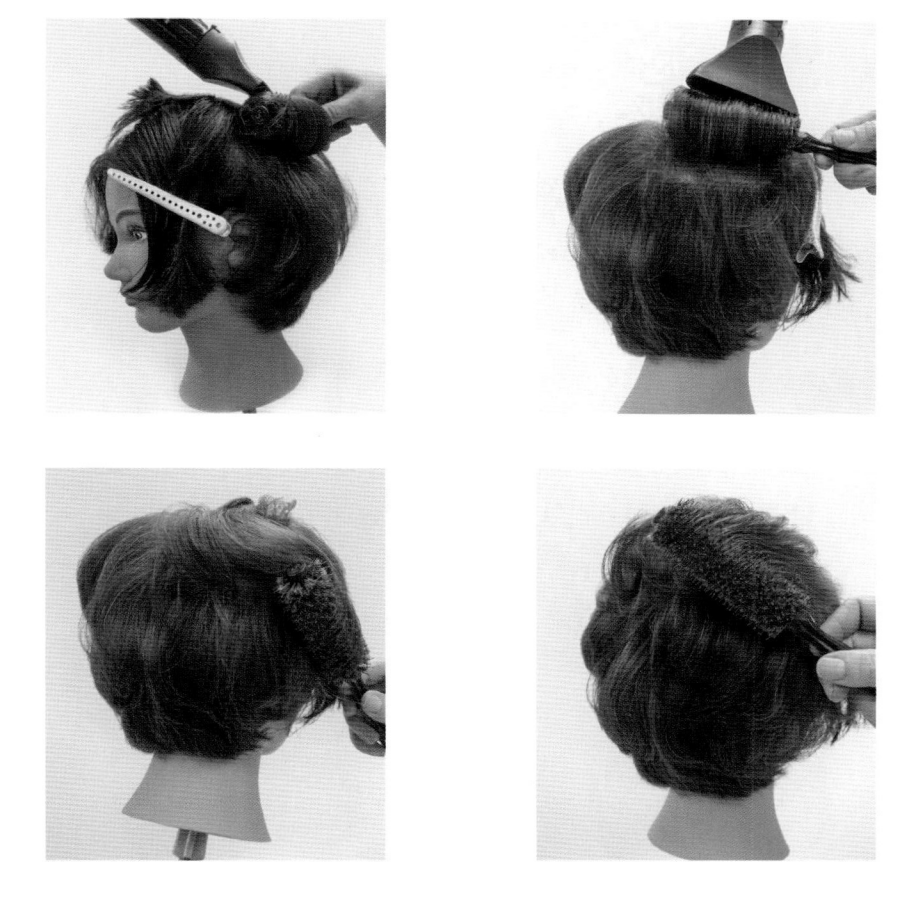

⑥ 사이드의 첫 번째 단은 각도를 다운시켜서 드라이하고 두 번째 단부터는 롤의 각도를 45° 로 롤링하여 동일하게 드라이한다.

⑦ 뿌리에서부터 균일하게 볼륨이 형성되도록 드라이의 열과 머리의 각도를 적절하게 유지하며 드라이한다.

⑧ 반대편 사이드도 같은 방법으로 드라이한다. 모발의 결 정돈을 한 후, 각도를 낮춰 롤링하고 포워드 방향으로 롤 브러시를 아웃시키면서 시술한다.

⑨ 앞머리는 사선으로 하여 각도를 들어 볼륨을 준다.

⑩ 앞머리는 두상에서 90°로 롤 브러시를 대고 텐션을 주어 롤링하고 옆머리와 자연스럽게 연결시켜 드라이한다.

4) 응용 헤어스타일

인크리스 레이어 커트
(Increase Layer Cut)의 개요

인크리스레이어는 층의 단차가 심하고 고정 디자인 라인의 위치에 유의하여 정확한 빗질이 필요하다. 모발의 길이가 톱은 짧고 네이프로 갈수록 길어지는 스타일로 두상 시술 각도 90° 이상을 적용한다.

구조(Structure)	톱이 짧고 네이프로 갈수록 모발 증가 (인테리어는 짧고, 엑스테리어로 갈수록 점진적으로 모발이 길어진다.)
모양(Shape)	긴 타원형
질감(Texture)	엑티베이트
가이드라인(Guide Line)	고정 디자인 라인
머리 위치(Head Position)	똑바로
섹션(Section)	수직, 수평, 피벗, 대각 모두 사용된다.
분배(Distribution)	직각 분배
시술각(Angle)	0°, 45°, 90° 90°를 많이 사용하나 머리가 닿는 거리에 따라 시술각이 증가 또는 감소된다.
손가락 위치 (Finger Position)	평행, 비평행

1. 레이어 커트의 종류

	유니폼 레이어	인크리스 레이어 (수직/피벗)	인크리스 레이어 (위로 똑바로)
특징	• 두상 90° • 무게감 없음 • 모발의 길이가 동일	• 시술 각도 0°, 45°, 90° • 톱에서 네이프로 갈수록 모발 길이 증가	• 고정 가이드라인 • 층이 많이 생김 • 두상 둘레에 같은 질감 생김
도해도			
구조			
완성			

2. 인크리스 레이어 커트의 절차

긴 머리 길이를 유지하며 층을 줌으로써 볼륨감과 생동감을 살려주며 다양한 변화가 가능하다.

1) 인크리스 레이어 분석

① 인크리스 레이어 형은 머리의 길이 유지하면서 머리에 층을 줌으로 볼륨감, 질감, 그리고 생동감을 살려 준다.
② 인기 있고 다양한 변화가 가능한 형이다.
③ 인크리스 레이어 형의 질감은 형태 전체 또는 일부분에 만들어 줄 수 있다.

2) 모양

모발 길이가 점점 길어지는 형태로 윤곽의 형태는 자유롭게 변형할 수 있으며, 길게 늘어진 타원형를 띠고 있다.

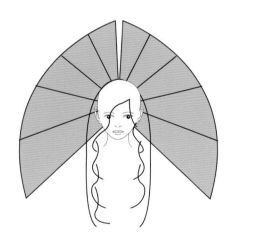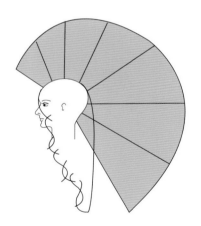

3) 구조

길이 배열은 인테리어의 짧은 길이가 엑스테리어로 갈수록 긴 길어지는 구조로 다른 형보다 가벼운 느낌을 준다.

4) 머리 질감

모발의 잘린 머리끝이 전체적으로 보이는 엑티베이트한 질감이다.

5) 머리 위치

① 일반적으로 두상을 똑바른 형이 가장 많다.

② 긴 인크리스 형을 자를 때 고개를 앞으로 숙임으로써 쉽게 커트를 할 수 있다.

6) 디자인 라인

① 가장 일반적인기법은 집중 전환 레이어링 기법이다.

② 고정 디자인 라인 사용한다.

③ 인테리어의 모발이 단일 고정 디자인 라인에 이를 만큼 길이가 충분하지 못할 경우 다중
   디자인 라인을 사용한다.

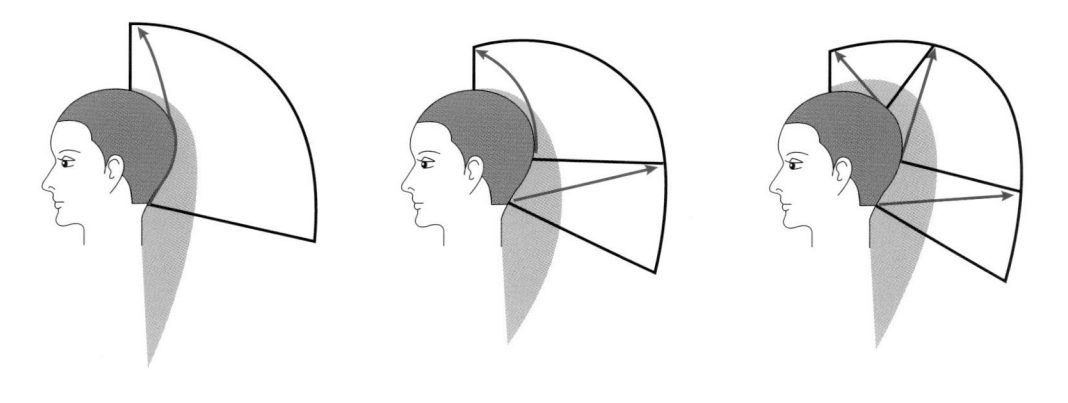

7) 섹션

① 수직: 얼굴 주변에 짧은 길이가 생기고 뒤로 갈수록 감소한다.

② 수평: 두상 둘레에 같은 질감이 생긴다.

③ 대각: 원하는 대각선과 반대 방향으로 나눈다.

④ 일반적으로 직각 분배가 일반적으로 사용한다.

8) 시술각

① 모든 머리가 모이는 고정 디자인 라인의 시술각을 사용한다.

② 90°를 많이 사용하나 머리가 닿는 거리에 따라 시술각이 증가하거나 감소한다.

9) 손가락, 가위 그리고 손의 위치

손가락과 가위의 위치는 원하는 모발의 길이에 따라 평행 또는 비평행이 될 수도 있다.

3. 인크리스 레이어(Increase Layer Cut) – 고정 0°

학습 내용	인크리스 레이어
수업 목표	• 인크리스 레이어 특징을 분석할 수 있다. • 인크리스 레이어 수직/피벗 섹션을 알 수 있다. • 인크리스 레이어 헤어커트를 위해 슬라이스를 할 수 있다. • 인크리스 헤어커트를 위해 시술 각도를 할 수 있다.

구조 그래픽	섹션

섹셔닝	C.P ~ N.P	E.P ~ to ~ E.P
머리 위치	똑바로	똑바로
섹션	피벗	수직
분배	직각	직각
시술각	천체축 0°	천체축 0°
손가락 위치	평행	평행
가이드라인	고정	고정
기법	블런트	블런트

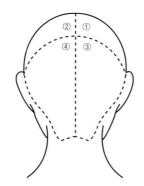
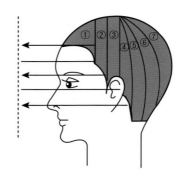

| 4등분 블로킹 |

1) 헤어커트 준비하기

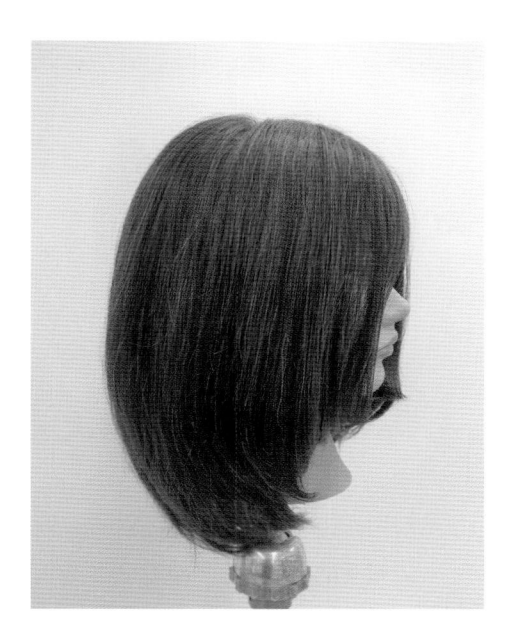

2) 헤어커트 시술하기

① C.P에서 N.P까지 정중선으로 T.P에서 E.P, E.P까지 측중선으로 섹셔닝하여 4등분으로 나
   눈다.

② 사이드는 수직 섹션으로 앞으로 똑바로 빗질하여 목선을 기준으로 가이드를 설정한다. 손
   가락 위치는 바닥과 수직으로 한 다음, 손가락은 섹션과 평행하여 블런트 커트한다

③ 두 번째 단도 동일한 방법으로 시술각 0°로 첫 번째 가이드에 맞춰 앞으로 똑바로 분배하
   여 커트한다.

④ 백사이드도 수직 섹션으로 곱게 빗질하여 가이드에 맞춰 앞으로 똑바로 시술한다.

⑤ 크라운 부위는 피벗 섹션한다. 정중선까지 계속하여 같은 방법으로 시술한다. 옆머리와
　자연스럽게 연결한다.

⑥ 반대편도 동일하게 시술하여 좌 · 우 대칭을 확인한다.

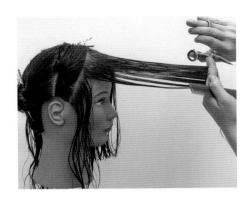 

 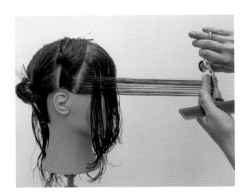

⑦ 다음 단도 같은 방법으로 수직 섹션하여 시술각 0°로 앞으로 똑바로 분배하여 시술한다.

⑧ 시술이 끝난 후 좌 · 우 대칭이 맞는지 확인한다.

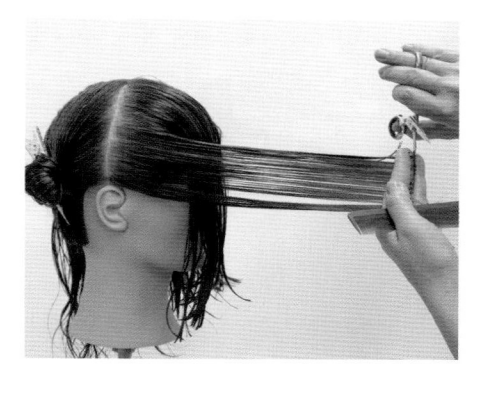 

⑨ 계속 같은 방법으로 블런트 커트하여 옆머리와 자연스럽게 연결한다.

⑩ 정중선까지 동일하게 수직 섹션하여 시술각 0°로 앞으로 똑바로 분배하여 시술한다.

⑪ 네이프의 형태 선 정리 및 슬라이싱 기법으로 질감 처리한다.

⑫ 완성

3) 스타일링 시술하기

① 후두부를 수평 섹션한 다음, 네이프는 각도를 최대한 낮추어 모근에서 모간으로 드라이한다.

② 볼륨을 주기 위해 90°로 롤 브러시를 대고 회전하여 텐션을 주어 모발을 펴주며 내려오다가 모선에 가까워지면 각도를 낮추어 롤 브러시 빼준다. 롤 브러시에 드라이의 방향을 잘 맞춰서 매끄럽게 드라이한다.

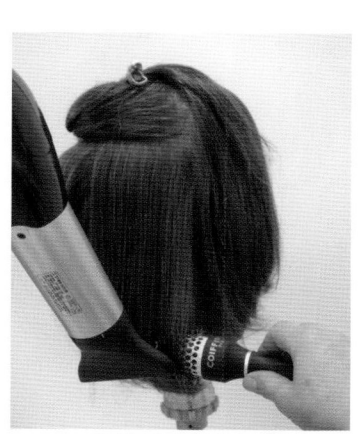

③ 인테리어는 120° 정도의 최대한의 볼륨을 주어 드라이한다. 롤의 회전력으로 텐션을 준후 잠시 멈춰 볼륨을 만든다. 모근 볼륨을 지나 텐션을 주며 매끄럽게 드라이한다.

④ 사이드도 첫 번째 단은 각도를 낮춰 드라이하고 두 번째 단부터는90°의 각도로 롤링하여동일하게 드라이한다.

⑤ 반대편 사이드도 동일하게 드라이한다.

⑥ 사이드 마지막까지 두상을 고려한 각도와 윤기 있는 머릿결이 되도록 드라이한다.

⑦ 전체적으로 정리하는 과정으로 각도와 윤기 있는 머릿결로 마무리한다.

4) 응용 헤어스타일

4. 인크리스 레이어(Increase Layer Cut)– 똑바로 위/방향

학습 내용	인크리스 레이어
수업 목표	• 인크리스 레이어 특징을 분석할 수 있다. • 인크리스 레이어 수직/수평 섹션을 알 수 있다. • 인크리스 레이어 헤어커트를 위해 슬라이스를 할 수 있다. • 인크리스 헤어커트를 위해 시술 각도를 할 수 있다.

구조 그래픽	섹션

섹셔닝	C.P ~ N.P	E.P ~ to~ E.P
머리 위치	똑바로	똑바로
섹션	수직	수평
분배	방향	방향
시술각	똑바로 위	똑바로 위
손가락 위치	평행	평행
가이드라인	고정	고정
기법	블런트	블런트

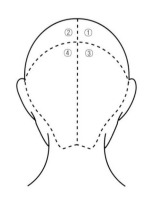
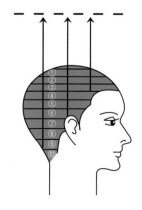

| 4등분 블로킹 |

1) 헤어커트 준비하기

2) 헤어커트 시술하기

① C.P에서 N.P까지 정중선으로 T.P에서 E.P, E.P까지 측중선으로 섹셔닝하여 4등분으로 나눈다.

② 첫 번째 단은 수평 섹션하여 T.P에 가이드를 설정하여 위로 똑바로 빗질하여 90°로 시술을 한다. 손바닥은 바닥과 평행이 되도록 한다.

③ 두 번째 단도 수평 섹션하여 첫 번째 가이드에 고정시켜 시술한다.

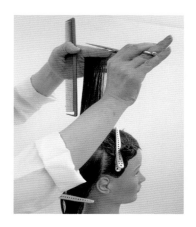 

④ 세 번째 단도 수평 섹션하여 첫 번째 가이드에 고정시켜 위로 똑바로 분배하여 시술한다.

⑤ 그다음도 동일하게 시술한다. 수평 섹션, 고정 가이드라인, 90°를 유지하며 곱게 빗질하여 위로 똑바로 시술한다.

⑥ 동일한 시술 방법으로 네이프까지 시술한다.

⑦ 사이드의 첫 번째 단은 두정부의 가이드에 맞춰 위로 똑바로 시술한다.

⑧ 다음 단도 동일하게 수평 섹션하여 시술각 90°, 고정 가이드라인, 위로 똑바로 시술하며
　손가락은 섹션과 평행이 되도록 한다.

⑨ 다음 단도 동일하게 수평 섹션하여 시술각 90°, 고정 가이드라인, 위로 똑바로 시술하며 손가락은 섹션과 평행이 되도록 한다.

 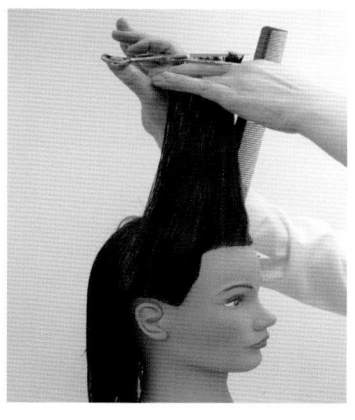

⑩ 반대쪽 사이드도 동일하게 시술한다.

⑪ 질감 처리 및 완성

3) 스타일링 시술하기

① 후두부를 수평 섹션한 다음, 네이프는 각도를 최대한 낮추어 모근에서 모간으로 드라이한
다.

② 볼륨을 주기 위해 45°로 롤 브러시를 대고 회전하여 텐션을 주어 모발을 펴주며 내려오다
가 모선에 가까워지면 각도를 낮추어 롤 브러시 빼준다. 롤 브러시에 드라이의 방향을 잘
맞춰서 매끄럽게 드라이한다.

 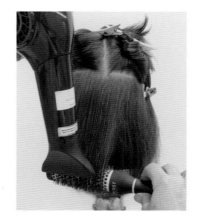

③ 볼륨을 주기 위해 90°로 롤 브러시를 대고 회전하여 텐션을 주어 모발을 펴주며 내려오다
　가 모선에 가까워지면 각도를 낮추어 롤 브러시 빼준다. 롤 브러시에 드라이의 방향을 잘
　맞춰서 매끄럽게 드라이한다.

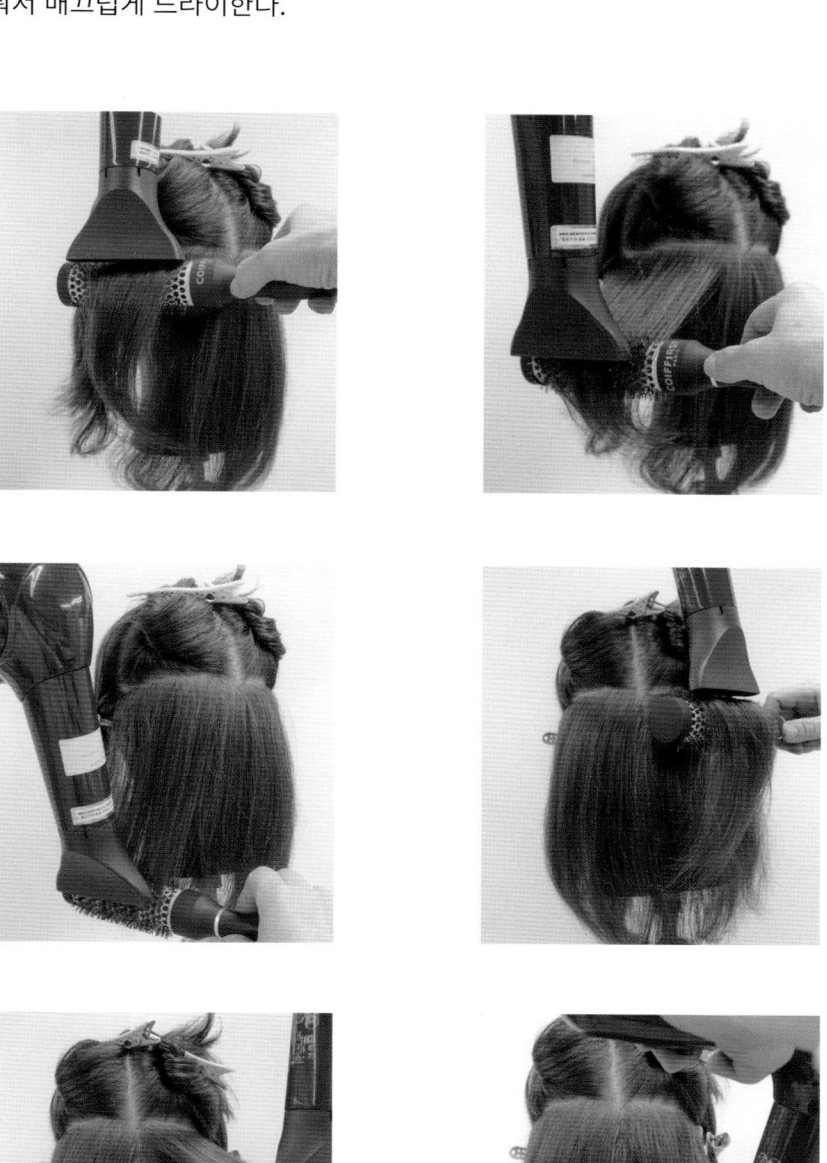

④ 톱 부분은 120° 이상으로 드라이한다. 롤의 회전력으로 텐션을 준 후 잠시 멈춰 볼륨을 만든다. 모근 볼륨을 지나 텐션을 주며 매끄럽게 드라이한다.

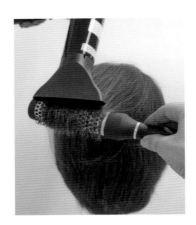

⑤ 사이드는 모발에 텐션을 주며 최대한 각도를 낮추어 열풍을 주면서 매끄럽게 펴준 후 모선에서 사선이 되도록 하여 인컬 스타일로 시술한다. 다음 섹션도 동일한 방법으로 연속 시술한다.

⑥ 두 번째 단은 90°의 각도를 브러시를 롤링하여 동일하게 드라이한다.

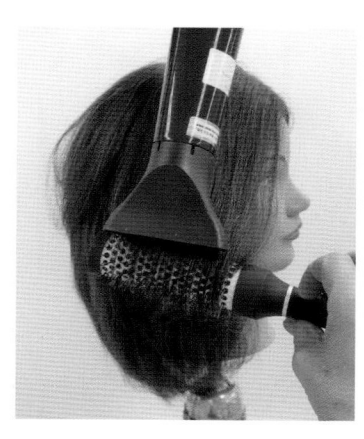

⑦ 반대편 사이드도 동일하게 드라이한다. 사이드는 각도를 낮추어 자연스럽게 드라이한다.
모발에 텐션을 주며 매끄럽게 펴준 후 모선에서 사선이 되도록 자연스럽게 펴준다.

⑧ 앞머리와 자연스럽게 연결하기 위해 롤을 전대각으로 기울어서 낮은 각도로 펴준다.

⑨ 사이드 마지막까지 두상을 고려한 각도와 윤기 있는 머릿결이 되도록 드라이한다.

⑩ 수평 섹션으로 모발에 텐션을 주며 매끄럽게 펴준 후 뒷머리와 연결한다.

⑪ 드라이 완성 상태이다.

9. 인크리스 레이어 커트(Increase Layer Cut)의 개요

4) 응용 헤어스타일

부록

NCS BASIC DESIGN HAIR CUT

이론편 REVIEW

1. 헤어커트의 목적?

2. 헤어디자인의 3요소?

3. 레이저의 종류에 관해 서술하시오.

4. 섹션의 4가지 종류에 관해 서술하시오.

5. 분배의 4가지의 방법에 관해 서술하시오.

6. 베이스의 3가지 방법에 관해 서술하시오.

원랭스 커트(One Length Cut) REVIEW

1. 원랭스 커트의 구조(Structure)를 그려 보세요.

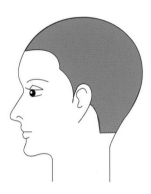

2. 원랭스 커트를 시술하기 위한 각도(Angle)는?

3. 원랭스 커트의 가이드라인(Guide Line)은?

4. 원랭스 커트의 질감(Texture)은?

5. 원랭스 커트의 모양(Shape)은?

그래쥬에이션 커트(Graduation Cut) REVIEW

1. 그래쥬에이션 커트의 구조(Structure)를 그려 보세요.

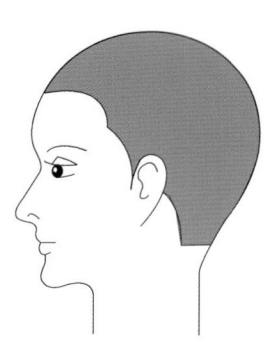

2. 그래쥬에이션 커트를 시술하기 위한 각도(Angle)는?

3. 그래쥬에이션 커트의 가이드라인(Guide Line)은?

4. 그래쥬에이션 커트의 질감(Texture)은?

5. 그래쥬에이션 커트의 모양(Shape)은?

6. 그래쥬에이션 커트에 사용되는 분배(Distribution)는?

유니폼 레이어 커트(Uniform Layer Cut) REVIEW

1. 유니폼 레이어 커트의 구조(Structure)를 그려 보세요.

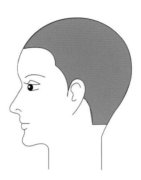

2. 유니폼 레이어 커트를 시술하기 위한 각도(Angle)는?

3. 유니폼 레이어 커트의 가이드라인(Guide Line)은?

4. 유니폼 레이어 커트의 질감(Texture)은?

5. 유니폼 레이어 커트의 모양(Shape)은?

6. 유니폼 레이어 커트에 사용되는 분배(Distribution)는?

인크리스 레이어 커트(Increase Layer Cut) REVIEW

1. 인크리스 레이어 커트의 구조(Structure)를 그려 보세요.

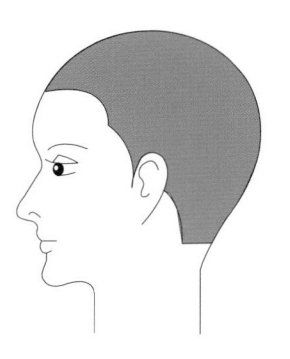

2. 인크리스 레이어 커트를 시술하기 위한 각도(Angle)는?

3. 인크리스 레이어 커트의 가이드라인(Guide Line)은?

4. 인크리스 레이어 커트의 질감(Texture)은?

5. 인크리스 레이어 커트의 모양(Shape)은?

6. 인크리스 레이어 커트에 사용되는 분배(Distribution)는?

Portfolio

NCS 기반 기초 디자인 훨어사드

교과목명	NCS 기반 기초 디자인 훨어사드
학교명	
학과(전공)	
이 름	
학 번	
담당 교수	
제출일	
점 수	

실습 일지			
작성일자	20 년 월 일	교과목명	
학 년	학년 반	담당교수	
학 번		성 명	
학습내용			
학습목표			

Cut Process			
시술 순서			
시술 과정			

Styling Process		
시술 순서		
시술 과정		
완성 작품		

실습 일지			
작성일자	20 년 월 일	교과목명	
학 년	학년 반	담당교수	
학 번		성 명	
학습내용			
학습목표			

Cut Process		
시술 순서		
시술 과정		

			시술 순서 관찰
			시술 과정
			완성 작품

Styling Process

실습 일지			
작성일자	20 년 월 일	교과목명	
학 년	학년 반	담당교수	
학 번		성 명	
학습내용			
학습목표			

Cut Process			
시술 순서			
시술 과정			

Styling Process

			완성 이미지
			시술 과정
			시술 준비

실습 일지			
작성일자	20 년 월 일	교과목명	
학 년	학년 반	담당교수	
학 번		성 명	
학습내용			
학습목표			

Cut Process		
시술 순서		

시술 과정			

완성 착장		
시술 과정		
시술 공사		

Styling Process

272

실습 일지			
작성일자	20 년 월 일	교과목명	
학 년	학년 반	담당교수	
학 번		성 명	
학습내용			
학습목표			

Cut Process		
시술 순서		
시술 과정		

시술 순서	
시술 과정	
준비물	

실습 일지			
작성일자	20 년 월 일	교과목명	
학 년	학년 반	담당교수	
학 번		성 명	
학습내용			
학습목표			

Cut Process			
시술 순서			
시술 과정			

Styling Process

시술
준비

시술
과정

완성
과정

실습 일지			
작성일자	20 년 월 일	교과목명	
학 년	학년 반	담당교수	
학 번		성 명	
학습내용			
학습목표			

Cut Process			
시술 순서			
시술 과정			

Styling Process

완성된 모습			
시술 과정			
시술 공지 모습			

실습 일지				
작성일자	20 년 월 일		교과목명	
학 년	학년 반		담당교수	
학 번			성 명	
학습내용				
학습목표				
Cut Process				
시술 순서				
시술 과정				

			촬영 장비
			시현 장소
			시연 소품

실습 일지			
작성일자	20 년 월 일	교과목명	
학 년	학년 반	담당교수	
학 번		성 명	
학습내용			
학습목표			

Cut Process			
시술 순서			
시술 과정			

			시술 순서 완성 스타일
			시술 과정
			완성 스타일

실습 일지			
작성일자	20 년 월 일	교과목명	
학 년	학년 반	담당교수	
학 번		성 명	
학습내용			
학습목표			

Cut Process		
시술 순서		

시술 과정			

Styling Process

시술 준비		
시술 과정		
완성		

실습 일지			
작성일자	20 년 월 일	교과목명	
학 년	학년 반	담당교수	
학 번		성 명	
학습내용			
학습목표			

Cut Process

시술 순서			
시술 과정			

Styling Process

| | 시술 공사 |
| 시술 과정 |
| 완성 작품 |

실습 일지			
작성일자	20 년 월 일	교과목명	
학 년	학년 반	담당교수	
학 번		성 명	
학습내용			
학습목표			

Cut Process			
시술 순서			
시술 과정			

Styling Process		
시술 순서		
시술 과정		
완성 작품		

실습 일지			
작성일자	20 년 월 일	교과목명	
학 년	학년 반	담당교수	
학 번		성 명	
학습내용			
학습목표			

Cut Process			
시술 순서			
시술 과정			

Styling Process

시술 순서	
시술 과정	
완성	

실습 일지			
작성일자	20 년 월 일	교과목명	
학 년	학년 반	담당교수	
학 번		성 명	
학습내용			
학습목표			

Cut Process			
시술 순서			
시술 과정			

Styling Process

시술 동기	
시술 과정	
완성 작품	

실습 일지			
작성일자	20 년 월 일	교과목명	
학 년	학년 반	담당교수	
학 번		성 명	
학습내용			
학습목표			

Cut Process			
시술 순서			
시술 과정			

Styling Process		
시술 순서		
시술 과정		
완성 작품		

[참고 문헌]

《기초 헤어커트 실습서》, 최은정 · 강갑연, 광문각, 2017

《응용 디자인 헤어커트》, 최은정 · 문금옥 · 임선희 · 최옥순 · 정매자, 광문각, 2017

《디자인 헤어 커트》, 강갑연 · 최은정, 광문각, 2011

[저자 소개]

최은정   정화예술대학교 미용예술학부 교수

성호용   정화예술대학교 미용예술학부 교수

문금옥   백석문화대학교 뷰티디자인과 교수

김성철   정화예술대학교 겸임교수

서미숙   정화예술대학교 겸임교수

NCS 기반
기초 디자인 헤어커트

2018년   3월   6일   1판   1쇄   발 행
2024년   3월   20일   2판   1쇄   발 행

지 은 이 : 최은정 · 성호용 · 문금옥 · 김성철 · 서미숙
펴 낸 이 : 박정태

펴 낸 곳 : **광 문 각**

10881
경기도 파주시 파주출판문화도시 광인사길 161
광문각 B/D 4층
등   록 : 1991. 5. 31 제12-484호
전 화(代) : 031) 955-8787
팩   스 : 031) 955-3730
E - mail : kwangmk7@hanmail.net
홈페이지 : www.kwangmoonkag.co.kr

ISBN : 978-89-7093-036-7   93590

값 : 30,000원

 한국과학기술출판협회회원